U1005869

高等学校规划教材

数学实验

主　编　冯卫兵
副主编　夏小刚　马继丰　郭　强

西北工业大学出版社
西　安

图书在版编目（CIP）数据

数学实验/冯卫兵主编．—西安：西北工业大学出版社，2010.8（2020.1重印）

ISBN 978-7-5612-2857-9

Ⅰ．数…　Ⅱ．①冯…　Ⅲ．①高等数学—实验—高等学校—教材　Ⅳ．①O13-33

中国版本图书馆CIP数据核字（2010）第158359号

出版发行：西北工业大学出版社

通讯地址：西安市友谊西路127号　　邮编：710072

电　　话：(029) 88493844　88491757

网　　址：www.nwpup.com

印 刷 者：兴平市博闻印务有限公司

开　　本：787 mm×960 mm　　1/16

印　　张：6.875

字　　数：144千字

版　　次：2010年8月第1版　　2020年1月第8次印刷

定　　价：18.00元

前　言

计算机的出现，对数学科学的发展产生了重要的影响，从而也对高等数学教育提出了新的要求。在大学中开设数学实验课，是教育部组织的"高等教育面向21世纪教学内容和课程体系改革计划"课题组的重要研究成果，也是从事高等数学教育的工作者多年在进行了各种各样的探索基础上取得的共识。数学实验是引进现代教育技术最好的形式。

"数学实验"是大学数学课程的重要组成部分，是与微积分、线性代数、概率论与数理统计等课程同步的重要教学环节，它将数学知识、数学建模知识与计算机应用能力三者融合为一体。"数学实验"可以使学生深入理解数学的基本概念与基本理论，熟悉常用的数学软件，培养学生运用所学的知识建立数学模型，使用计算机解决实际问题的能力。

"数学实验"是我国高等学校中新开设的一门课程，还处于探索和试点阶段。西安科技大学2004年开始面向全校理工类专业开设这门课程，但是一直缺乏一本适合学生实际需要的教材，经过教研组的讨论，我们决定编写本教材。在"数学实验"教学中，我们的教学理念是以学生为主体，通过在计算机上做大量的实验，发现问题中存在的数学规律，提出猜想，进行证明和论证。这要求讲授该课程的老师要充分调动学生的学习积极性，发挥学生的主观能动性，这样才能达到本课程教学的目的。

在我们的"数学实验"教学中，主要使用的数学软件是在世界上已经广为流传的Matlab，由于它的优越性能，因而受到高等学校教师和学生的喜爱。

参加本书编写的人员有冯卫兵、夏小刚、马继丰、郭强、刘杰、周彬。丁正生教授审阅了全稿，并提出了宝贵的意见。

由于时间仓促，书中缺点和不足在所难免，敬请读者和各位老师批评指正。

编　者

2010年5月

目　录

绪　论

同学们在中学都做过“物理实验”和“化学实验”，却没有做过“数学实验”，那么为什么要做“数学实验”？什么是“数学实验”？我们先从21世纪的时代特征谈起。面向21世纪，现代社会正经历着由工业社会向信息社会过渡的变革。信息社会有两个主要特征：

一、计算机技术的迅速发展与广泛应用

计算机技术的发展已经对人类社会的全部生活（包括物质生活与文化生活）产生了十分巨大的影响，以致计算机被称为“改变世界的机器”。计算机的应用不是为了让人们变得无所事事，变得更笨更懒，而是使人们变得更高效，更聪明，更富有想象力和创造力。

计算机最明显的功能就是高速度地进行大量的重复计算，这种高速计算机使得过去无法求解的问题成为可能，例如，天气预报离开了计算机是不可能的。因此，科学计算已成为与理论研究，科学实验并列为科学研究的三大支柱。由于计算机技术的发展使计算数学的发展日新月异，新的分支不断涌现，例如计算模拟，计算力学，计算物理，计算化学，计算几何，计算数论及计算概率等相继诞生。特别是2 000多年前早已有的算法的概念，由于计算机的发展，又引起了人们极大的兴趣，对许多同类问题开发了很多计算机算法。人们选择算法，不仅要解决问题，而且还要选择符合要求的几种算法中“最佳”的一个。有些算法虽节省了运行时间，但可能浪费了内存空间，或者出现反过来的情况，这就是需要找出与一个或多个参数有关的最优的或至少是最有效的算法。

计算机仿真实验（即计算机模拟），将所要研究的问题的数学模型转换为输入计算机进行运算的形式，或将所要研究的问题设计成实验，将图形显示在计算机屏幕上，由计算机进行大量计算，甚至推导与证明，得出某种新的结论或新的发现。这种研究方法正在部分地代替实验或成为其重要的补充。特别是一些自称为“实验数学家”的新潮数学家正在创立一种新的数学研究方法，即主要通过计算机实验从事新的发现。在这些数学家看来，数学正在成为一门“实验科学”。也有一些数学家认为，由于计算机的出现，今日数学已经不仅是一门科学，还是一种关键的普通适用的技术。

二、数学的应用范围急剧扩大

早在1959年，著名的数学家华罗庚教授在《人民日报》发表了文章——《大哉数学之为用》，形象地概述了数学的各种应用：“宇宙之大、粒子之微、火箭之速、化工之巧、地球之变、生物之迷、日用之繁等各个方面，无处不有数学的重要贡献。”时至今日，计算机的高速计算能力

使得许多过去无法求解的问题成为可能，大量新兴的数学方法正在被有效地运用，数学的应用范围急剧扩大。由于计算机具有处理大量信息的功能，所以定量分析的技术已经渗透到一切科学领域。如果说第二次世界大战以前，数学主要用于天文和物理，那么，现在数学已经深入到化学、生物以及经济、管理等社会科学领域中。下面列举几例来说明。

数学对经济学的发展起到了很大的作用。1969—1981 年颁发的 13 个诺贝尔经济学奖中，有 7 个获奖者从事的工作是相当数学化的，其中 Kantorovich 由于对物资最优调拨理论的贡献而获 1975 年奖；Kldin 的"设计预测经济变动的计算机模式"获 1980 年奖；Tobin 的"投资决策的数学模型"获 1981 年奖；等等。在经济学和管理学中，预测是管理（资金的投放、商品的产销、人员的组织等）的依据，而数学则是预测的重要工具，我国数学工作者在气象、台风、地震、病虫害、鱼群、海浪等方面进行过大量的统计预测，获得了良好的效果。现在不懂数学的经济学家，决不会成为杰出的经济学家。

医学中广泛应用的 CT（X 射线计算机层析摄影仪）的研制成功是本世纪医学领域的奇迹。其原理是基于不同的物质有不同的 X 射线衰减系数，如果能确定人体的衰减系数的分布，就能重建其断层或三维图像，但通过 X 射线透射时，只能测量人体的直线上的 X 射线衰减系数的平均值（是一个积分）。当直线变化时，此平均值（依赖于某参数）也随之变化。能否通过此平均值求整个衰减系数的分布呢？人们利用数学中的 Radon 变换解决了此问题，Radon 变换已成为 CT 理论的核心。首创 CT 理论的 A. M. Cormark（美）及第一台 CT 制作者 C. N. Hounsfield（英）因而荣获 1979 年诺贝尔医学奖和生理学奖。由此可以看出数学在 CT 技术中的关键作用。

在设计与工业制造方面广泛地用到数学。以飞机制造为例，设计师必须考虑结构强度和稳定性，这是用有限元来分析的，而机翼的振动情况则需解特征值问题；为了使飞机省油与提高速度必须找到一种最佳机翼和整个机体的形状；飞机设计在相当大的程度上以计算为基础，研究描绘机翼和整体机体附近气流的方程。随着计算机技术的飞速发展，目前以计算机辅助设计（CAD）和计算机辅助制造（CAM）技术为标志的设计革命正在波及整个制造业，CAD 是数学设计与计算机技术相结合的产物。计算流体力学可以帮助人们设计新的飞行器。数学模型可以替代许多实验，以前设计某一部件，必须在机械车间建造模型，而今天可以设计一个数学模型在计算机上进行模拟，如果改变设计，只要通过键盘输入新的参数即可，这样既降低成本又省时省力，且具有适用性、安全性。

综上所述，21 世纪信息社会的两个重要特征，简言之就是"计算机无处不在"、"数学无处不在"。根据这一分析，21 世纪培养的科技人才究竟应该具备什么样的数学素质呢？数学素质是数学知识和能力的综合体现。数学素质除了包含抽象思维能力、逻辑能力（含数据处理能力），还要会"用数学"解决实际问题，会用计算机进行科学计算。

中国科学院院士吴文俊在《数学教育不能从培养数学家的要求出发》一文中指出："任何数学都要讲逻辑推理，但这只是问题的一个方面，更重要的是用数学去解决问题，解决日常生活中、其他学科中出现的数学问题。学校给的数学题目都是有答案的，已知什么，求证什么，都是清楚的，题目也一定是做得出的。但是将来到了社会上，所面对的大多数是预先不知道答案的，甚至不知道是否会有答案，这就要求培养学生的创造能力，学会处理各种实际数学问题的方法。"中国科学院院士王梓坤在《今日数学及其应用》一文中指出："精确定量思维是对21世纪科技人员共同的素质要求，所谓定量思维就是指人们从实际问题题中提炼数学问题，抽象化为数学模型，用数学计算求出此模型的解或近似解，然后回到现实中进行检验，必要时修改模型使之更切合实际，最后编制解决问题的软件包，以便得到更广泛的、方便的应用。"

1992年，美国工业与应用数学学会(SIAM)的一篇论文指出："一切科学与工程技术人员的教育必须包括愈来愈多的数学和计算科学的内容。数学建模和相应的计算正在成为工程设计过程中的关键工具。科学家正日益依赖于计算方法以及在解释结果的精度和可靠性方面有充分的经验。"美国科学、工程和公共事务政策委员会在一份报告中指出："今天，在技术科学中最有用的数学研究领域是数值分析和数学建模。"

21世纪培养的各类专业科技人才，应该具有将他所涉及的专业实际问题建立数学模型的能力，这样才能在实际工作中发挥更大的创造性。例如，1981年Tobin建立了"投资决策的数学模型"获得了当年的诺贝尔经济学奖；飞机设计师为了寻找最佳机翼与整个机体的形状，需要建立描绘飞机机翼和整个机体附近气流的数学模型；在水资源研究方面，为了建立一套地下水资源评价的理论和方法，需要建立各种地层结构的数学模型。随着计算机的发展，数学渗透到各个行业，从卫星到核电站，从天气预报到家用电器，高技术、高精度、高速度、高自动、高安全、高质量、高效率等特征，无不是通过数学模型和数学方法并借助于计算机的计算控制来实现的，所以，说到底，高技术就是数学技术。

为了培养学生的定量思维能力和创造能力，就必须在数学教学中培养学生的数学建模能力与数值计算(含数据处理)能力，加强在"用数学"方面的教育，使学生具有应用数学知识解决实际问题的意识和能力。"数学实验"正是为实现这一目标而开设的。

"数学实验"是一种新的教学模式，是大学数学课程的重要组成部分，是与微积分、线性代数、概率论与数理统计等课程同步开设的重要的教学环节。它将数学知识、数学建模与计算机应用三者融为一体，通过数学实验使学生深入理解数学基本概念和基本理论，熟悉常用的数学软件，培养学生运用所学知识建立数学模型，使用计算机解决实际问题的能力。

"数学实验"可以理解为"数学模型方法"的初步实践，"数学模型方法"已成为科学技术中常用的非常重要的方法，它是数学和其他科学技术之间的媒介和桥梁。所谓"数学模型"是指利用数学语言模拟显示，即将某种事物的主要特征、主要关系抽象出来，用数学语言概括或近似地表达出来的一种数学结构。所谓"数学模型方法"是指利用数学模型解决实际问题的一般数学方法。用"数学模型方法"解决实际问题的过程是根据实际问题的特点和要求，做出某些合理的假设，使问题简化，并进行抽象概括，建立数学模型，然后研究求解所建立的数学模型的方法与算法，最后将求解所得到的结果返回到实际中去解释、检验。

由此可见，"数学实验"具有以下特点：

(1)以问题为载体。通过实际问题的解决，培养应用数学知识解决实际问题的意识与能力。因此选择适当的实际问题就十分重要。

(2)以计算机为手段。实际问题的解决离不开数值计算,计算机的强大功能正是高速计算。

(3)以软件为工具。科学计算工具的主体是各种软件,而它们的共同基础是数学软件工具,合理使用软件工具可以使有限的资源发挥更好的效益,避免低水平的重复劳动。因此,进行数学实验要充分利用数学软件。

(4)以学生为主体。“数学实验”既然是实验,就要求学生多动手、多上机,多练,在教师指导下探索建立模型解决问题的方法,在失败与成功中获得真知。

既然“数学实验”的载体是“问题”,从实际问题出发进行研究,因此选准、选好实验课题就显得十分重要。我们选择实验课题一般应遵循以下原则:

(1)量力性。适合大学一二年级知识水平,在从事数学实验时不需要补充大量知识就可以入手;问题的“可读性”好,学生容易理解。

(2)实用性。要有生产生活的实际背景和较好的应用价值。选择“可移植性”的实际问题,可以使学生从建模和求解过程中不仅能体会到理论与实践之间的相互作用,而且还能从结果的实际意义中看到数学的价值,体会到解决大量的生产生活中的实际问题离不开数学,提高数学学习的自觉性。

(3)开放性。最好有多种求解模型和求解方法,给学生以发挥聪明才智的空间,并比较多种方法的利弊,提高分析问题和解决问题的能力。

(4)趣味性。富有趣味的实际问题,能吸引学生思考,引导学生钻研,启迪学生思维,开阔学生眼界,提高学生学习数学的兴趣。

(5)能体现计算机的作用。实际问题需要通过计算机计算或模拟,不仅在建模求解过程中使用计算机,而且在思考、猜想、探索、发现、模拟、作图、检验过程都可以使用计算机。

“数学实验”要求学生积极主动地参与,把教学过程更自觉地变成学生活动的过程,充分发挥学生的创造性。传统的数学教学模式是:老师讲→学生听→作题→复习→考试,学生一般处在比较被动的状态,不利于激发学生学习数学的兴趣,不利于培养学生的创造精神,学生学了数学后不知道怎么“用数学”。“数学实验”就是为了解决传统数学教学模式的弊端,让学生在大量数学学习阶段,就能面对实际问题,积极思考,主动参与,学会数学建模,学会使用数学软件,亲身体验“数学大有用武之地”。

第一篇　软件实验

实验1　矩阵及其基本运算

一、实验目的

熟悉 Matlab 软件环境，并学会用 Matlab 软件进行矩阵的基本运算。

二、实验内容

1. Matlab 软件的启动

双击桌面上的 Matlab 图标或者从开始菜单中选择程序，点击 Matlab 选项即可启动 Matlab 软件，界面如图 1.1 所示。

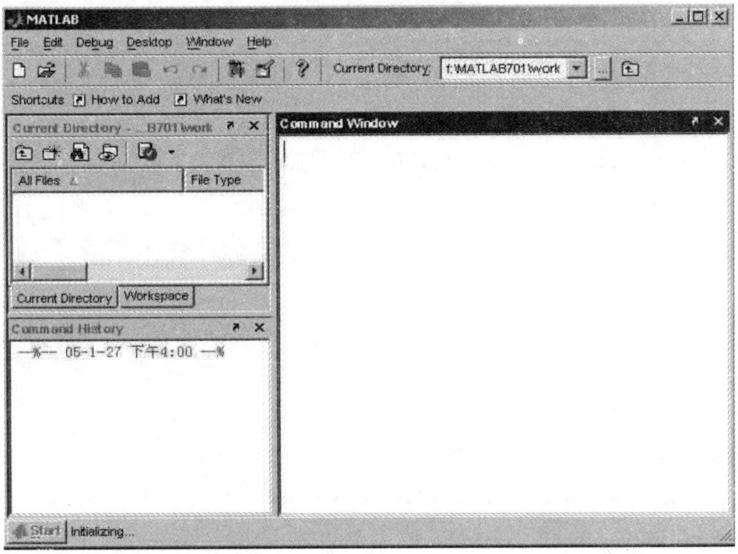

图 1.1　Matlab 启动界面

2. 常用运算指令

(1)实数值矩阵的输入。

任何矩阵(向量)都可以直接按行方式输入每个元素：同一行中的元素用逗号(,)或者用空格符来分隔，且空格个数不限；不同的行用分号(;)分隔。所有元素处于一方括号([ ])内；当矩阵是多维(三维以上)，且方括号内的元素是维数较低的矩阵时，会有多重的方括号。例如：

```
>>Time=[11  12  1  2  3  4  5  6  7  8  9  10]
>>X_Data=[2.32  3.43;4.37  5.98]
>>Null_M=[ ]            %生成一个空矩阵
```

(2)复数矩阵的输入。

复数矩阵有如下两种生成方式：

第一种方式：

```
>>a=2.7;b=13/25;
>>C=[1,2*a+i*b,b*sqrt(a);sin(pi/4),a+5*b,3.5+1]
```

第二种方式：

```
>>R=[1 2 3;4 5 6],M=[11 12 13;14 15 16]
>>CN=R+i*M
```

(3)符号矩阵的生成。

在 Matlab 中输入符号向量或者矩阵的方法和输入数值类型的向量或者矩阵在形式上很相像，只不过要用到符号矩阵定义函数 sym，或者是用到符号定义函数 syms，先定义一些必要的符号变量，再像定义普通矩阵一样输入符号矩阵。

用命令 sym 定义矩阵，这时的函数 sym 实际是在定义一个符号表达式，这时的符号矩阵中的元素可以是任何的符号或者是表达式，而且长度没有限制，只是将方括号置于用于创建符号表达式的单引号中。例如：

```
>>sym_matrix=sym('[a b c;Jack,HelpMe!,NO WAY!]')
>>sym_digits=sym('[1 2 3;abc;sin(x) cos(y) tan(z)]')
```

用命令 syms 定义矩阵，先定义矩阵中的每一个元素为一个符号变量，而后像普通矩阵一样输入符号矩阵，例如：

```
>>syms  a  b  c;
>>M1=sym('Classical');
>>M2=sym('Jazz');
>>M3=sym('Blues')
>>syms_matrix=[a  b  c;M1,M2,M3;int2str([2  3  5])]
```

把数值矩阵转化成相应的符号矩阵。数值型和符号型在 Matlab 中是不相同的，它们之间不能直接进行转化。Matlab 提供了一个将数值型转化成符号型的命令，即 sym，例如：

```
>>Digit_Matrix=[1/3  sqrt(2) 3.4234;exp(0.23) log(29) 23^(-11.23)]
>>Syms_Matrix=sym(Digit_Matrix)
```

注意：不论矩阵是用分数形式还是浮点形式的，将矩阵转化成符号矩阵后，都将以最接近原值的有理数形式表示或者是函数形式表示。

(4)特殊矩阵的生成。

· 命令　全零阵

函数　zeros

格式　B=zeros(n)　　　　　%生成 $n \times n$ 全零阵

B=zeros(m,n)　　　　　%生成 $m \times n$ 全零阵

· 命令　单位阵

函数　eye

格式　Y=eye(n)　　　　　%生成 $n \times n$ 单位阵

Y=eye(m,n)　　　　　%生成 $m \times n$ 单位阵

· 命令　全 1 阵

函数　ones

格式　Y=ones(n)　　　　　%生成 $n \times n$ 全 1 阵

Y=ones(m,n)　　　　　%生成 $m \times n$ 全 1 阵

· 命令　均匀分布随机矩阵

函数　rand

格式　Y=rand(n)　　　　　%生成 $n \times n$ 随机矩阵,其元素在(0,1)内

Y=rand(m,n)　　　　　%生成 $m \times n$ 随机矩阵

· 命令　产生以输入元素为对角线元素的矩阵

函数　blkdiag

格式　out=blkdiag(a,b,c,d,…)　　　　%产生以 a,b,c,d, …为对角线元素的矩阵

· 命令　Magic(魔方)矩阵

函数　magic

格式　M=magic(n)　　　　　%产生 n 阶魔方矩阵

(5)矩阵运算。

①加、减运算。

运算符:"+"和"-"分别为加、减运算符。

运算规则:对应元素相加减,即按线性代数中矩阵的"+","-"运算进行。

②乘法。

运算符:*

运算规则:按线性代数中矩阵乘法运算进行,即放在前面的矩阵的各行元素,分别与放在后面的矩阵的各列元素对应相乘并相加。

③矩阵的数乘:数乘矩阵。

例如:a=2*X

④向量点积。

向量的点乘(内积):维数相同的两个向量的点乘。

函数　dot

格式　C=dot(A,B)　　　　%若 $\boldsymbol{A},\boldsymbol{B}$ 为向量,则返回向量 $\boldsymbol{A}$ 与 $\boldsymbol{B}$ 的点积,$\boldsymbol{A}$ 与 $\boldsymbol{B}$ 长度相

同;若为矩阵,则 **A** 与 **B** 有相同的维数

C=dot(A,B,dim)　　%在 dim 维数中给出 **A** 与 **B** 的点积

⑤向量叉乘。

在数学上,两向量的叉乘是一个过两相交向量的交点且垂直于两向量所在平面的向量。在 Matlab 中,用函数 cross 实现。

函数　cross

格式　C=cross(A,B)　%若 **A**,**B** 为向量,则返回 **A** 与 **B** 的叉乘

⑥除法运算。

Matlab 提供了两种除法运算:左除(\)和右除(/)。一般情况下,$\boldsymbol{x}=\boldsymbol{a}\backslash\boldsymbol{b}$ 是方程 $\boldsymbol{a}*\boldsymbol{x}=\boldsymbol{b}$ 的解,而 $\boldsymbol{x}=\boldsymbol{b}/\boldsymbol{a}$ 是方程 $\boldsymbol{x}*\boldsymbol{a}=\boldsymbol{b}$ 的解。

⑦ 矩阵乘方。

运算符:^

运算规则:

当 **A** 为方阵,P 为大于 0 的整数时,**A**^ P 表示 **A** 的 P 次方,即 **A** 自乘 P 次;P 为小于 0 的整数时,**A**^ P 表示 **A** 逆的 P 次方。

⑧ 矩阵转置。

运算符:′

运算规则:若矩阵 **A** 的元素为实数,则与线性代数中矩阵的转置相同;若 **A** 为复数矩阵,则 **A** 转置后的元素由 **A** 对应元素的共轭复数构成;若仅希望转置,则用如下命令:A.′。

⑨方阵的行列式。

函数　det

格式　d=det(X)　　%返回方阵 **X** 的多项式的值

⑩逆。

函数　inv

格式　Y=inv(X)　% 求方阵 **X** 的逆矩阵。若 **X** 为奇异阵或近似奇异阵,将给出警告信息

⑪　向量的范数。

函数　norm

格式　n=norm(X)　　% **X** 为向量,求欧几里德范数,即 $\|\boldsymbol{X}\|_2=\sqrt{\sum|x_k|^2}$

⑫　矩阵的秩。

函数　rank

格式　k=rank(A)　　% 求矩阵 **A** 的秩

k=rank(A,tol)　% tol 为给定误差

(6)特征值与二次型。

①特征值与特征向量的求法。

设 $\boldsymbol{A}$ 为 n 阶方阵，如果数“λ”和 n 维列向量 $\boldsymbol{x}$ 使得关系式 $\boldsymbol{A}\boldsymbol{x}=\lambda\boldsymbol{x}$ 成立，则称 λ 为方阵 $\boldsymbol{A}$ 的特征值，非零向量 $\boldsymbol{x}$ 称为 $\boldsymbol{A}$ 对应于特征值“λ”的特征向量。

函数　eig

格式　d=eig(A)　　　　% 求矩阵 **A** 的特征值 ***d***，以向量形式存放 ***d***

d=eig(A,B)　　　　% **A**,**B** 为方阵，求广义特征值 ***d***，以向量形式存放 ***d***

[V,D]=eig(A)　　　　% 计算 **A** 的特征值对角阵 **D** 和特征向量 **V**，使 **AV**=**VD** 成立

[V,D]=eig(A,'nobalance')　% 当矩阵 **A** 中有与截断误差数量级相差不远的值时，该指令可能更精确。'nobalance'起误差调节作用

[V,D]=eig(A,B)　　% 计算广义特征值向量阵 **V** 和广义特征值阵 **D**，满足 **AV**=**BVD**

[V,D]=eig(A,B,flag)　% 由 flag 指定算法计算特征值 **D** 和特征向量 **V**，flag 的可能值为：'chol'表示对 **B** 使用 Cholesky 分解算法，这里 **A** 为对称 Hermitian 矩阵，**B** 为正定阵。'qz'表示使用 ***QZ*** 算法，这里 **A**,**B** 为非对称或非 Hermitian 矩阵

说明：一般特征值问题是求解方程：$\boldsymbol{A}\boldsymbol{x}=\lambda\boldsymbol{x}$ 解的问题。广义特征值问题是求方程：$\boldsymbol{A}\boldsymbol{x}=\lambda\boldsymbol{B}\boldsymbol{x}$ 解的问题。

②正交基。

命令　orth

格式　B=orth(A)　%将矩阵 **A** 正交规范化，**B** 的列与 **A** 的列具有相同的空间，**B** 的列向量是正交向量，且满足 B' * B=eye(rank(A))

(7)秩与线性相关性。

①矩阵和向量组的秩以及向量组的线性相关性。

矩阵 **A** 的秩是矩阵 **A** 中最高阶非零子式的阶数；向量组的秩通常由该向量组构成的矩阵来计算。

函数　rank

格式　k=rank(A)　　　　%返回矩阵 **A** 的行(或列)向量中线性无关个数

②矩阵化成行最简形。

函数　rref 或 rrefmovie

格式　R=rref(A)　　　　% 用高斯-约当消元法和行主元法求 **A** 的行最简行矩阵 **R**

rrefmovie(A)　　　　% 给出每一步化简的过程

【例 1】　计算向量 $\boldsymbol{a}=(1,2,3)$，$\boldsymbol{b}=(4,5,6)$ 和 $\boldsymbol{c}=(-3,6,-3)$ 的混合积 $\boldsymbol{a}\cdot(\boldsymbol{b}\times\boldsymbol{c})$。

解

```
>>a=[1  2  3];b=[4  5  6];c=[-3  6  -3];
>>x=dot(a,cross(b,c))
```

结果显示：x=

```
        54
```

注意：先叉乘后点乘，顺序不可颠倒。

【例 2】 求 $\boldsymbol{A}=\begin{pmatrix}1 & 2 & 3\\ 2 & 2 & 1\\ 3 & 4 & 3\end{pmatrix}$ 的逆矩阵。

解法一

```
>>A=[1  2  3;2  2  1;3  4  3];
>>Y=inv(A)或 Y=A^(-1)
```

则结果显示为

```
Y=
      1.0000     3.0000    -2.0000
     -1.5000    -3.0000     2.5000
      1.0000     1.0000    -1.0000
```

解法二

由增广矩阵 $\boldsymbol{B}=\begin{pmatrix}1 & 2 & 3 & 1 & 0 & 0\\ 2 & 2 & 1 & 0 & 1 & 0\\ 3 & 4 & 3 & 0 & 0 & 1\end{pmatrix}$ 进行初等行变换。

```
>>B=[1,2,3,1,0,0;2,2,1,0,1,0;3,4,3,0,0,1];
>>C=rref(B)      %化行最简形
>>X=C(:,4:6)      %取矩阵C中的A^(-1)部分
```

结果显示如下：

```
C=
    1.0000  0        0          1.0000    3.0000   -2.0000
    0       1.0000   0         -1.5000   -3.0000    2.5000
    0       0        1.0000     1.0000    1.0000   -1.0000
X=
      1.0000     3.0000    -2.0000
     -1.5000    -3.0000     2.5000
      1.0000     1.0000    -1.0000
```

【例 3】 求矩阵 $\boldsymbol{A}=\begin{pmatrix}-2 & 1 & 1\\ 0 & 2 & 0\\ -4 & 1 & 3\end{pmatrix}$ 的特征值和特征向量。

解

```
>>A=[-2  1  1;0  2  0;-4  1  3];
>>[V,D]=eig(A)
```

结果显示如下：

V=

```
  -0.7071   -0.2425   0.3015
   0           0      0.9045
  -0.7071   -0.9701   0.3015
D=
    -1  0  0
     0  2  0
     0  0  2
```

即：特征值－1对应特征向量(－0.7071　0　－0.7071)^T。

特征值2对应特征向量(－0.2425　0　－0.9701)^{T}和(－0.3015　0.9045　－0.3015)^T。

【例4】 将矩阵 $\boldsymbol{A}=\begin{pmatrix}4 & 0 & 0\\0 & 3 & 1\\0 & 1 & 3\end{pmatrix}$ 正交规范化。

解

```
>>A=[4  0  0;0  3  1;0  1  3];
>>B=orth(A)
>>Q=B'*B
```

则显示结果如下：

```
P=
    1.0000  0          0
    0       0.7071    -0.7071
    0       0.7071     0.7071
Q=
    1.0000  0       0
    0       1.0000  0
    0       0       1.0000
```

三、实验任务

(1)求一个正交变换 $\boldsymbol{X}=\boldsymbol{PY}$，把二次型 $f=2x_1x_2+2x_1x_3-2x_1x_4-2x_2x_3+2x_2x_4+2x_3x_4$ 化成标准形。

(2) 求向量组 $\boldsymbol{\alpha}_1=(1\quad -2\quad 2\quad 3)$，$\boldsymbol{\alpha}_2=(-2\quad 4\quad -1\quad 3)$，$\boldsymbol{\alpha}_3=(-1\quad 2\quad 0\quad 3)$，$\boldsymbol{\alpha}_4=(0\quad 6\quad 2\quad 3)$，$\boldsymbol{\alpha}_5=(2\quad -6\quad 3\quad 4)$ 的秩，并判断其线性相关性。

实验 2　基本数学函数

一、实验目的

学会运用 Matlab 软件进行关于基本数学函数的运算。

二、实验内容

常用运算指令如下：

(1)三角函数与反三角函数。

· 函数　sin，sinh

功能　正弦函数与双曲正弦函数

格式　Y＝sin(X)　% 计算参量 X(可以是向量、矩阵，元素可以是复数）中每一个角度分量的正弦值 Y，所有分量的角度单位为弧度

Y＝sinh(X)　% 计算参量 X 的双曲正弦值 Y

【例 1】　x＝－pi：0.01：pi；plot(x，sin(x))

x＝－5：0.01：5；plot(x，sinh(x))

· 函数　asin，asinh

功能　反正弦函数与反双曲正弦函数

格式　Y＝asin(X)　%返回参量 X(可以是向量、矩阵)中每一个元素的反正弦函数值 Y。若 X 中有的分量处于[－1，1]之间，则 Y＝asin(X)对应的分量处于[$-\pi/2$，$\pi/2$]之间，若 X 中有分量在区间[－1，1]之外，则 Y＝asin(X)对应的分量为复数

Y＝asinh(X)　% 返回参量 X 中每一个元素的反双曲正弦函数值 Y

【例 2】　x＝－1：.01：1；plot(x，asin(x))

x＝－5：.01：5；plot(x，asinh(x))

· 函数　cos，cosh

功能　余弦函数与双曲余弦函数

格式　Y＝cos(X)　%计算参量 X(可以是向量、矩阵，元素可以是复数)中每一个角度分量的余弦值 Y，所有角度分量的单位为弧度。须要指出的是，cos(pi/2)并不是精确的零，而是与浮点精度有关的无穷小量 eps，因为 pi 仅仅是精确值 π 浮点近似的表示值而已

Y＝cosh(X)　% 计算参量 X 的双曲余弦值 Y

【例 3】　x＝－pi：0.01：pi；plot(x，cos(x))

x=－5:0.01:5;plot(x,cosh(x))

· 函数　acos,acosh

功能　反余弦函数与反双曲余弦函数

格式　Y=acos(X)　% 返回参量 X(可以是向量、矩阵)中每一个元素的反余弦函数值 Y。若 X 中有的分量处于[－1,1]之间,则 Y=acos(X)对应的分量处于[0,π]之间,若 X 中有分量在区间[－1,1]之外,则 Y=acos(X)对应的分量为复数

Y=acosh(X)　% 返回参量 X 中每一个元素的反双曲余弦函数 Y

【例 4】　x=－1:.01:1;plot(x,acos(x))

x=－5:.01:5;plot(x,acosh(x))

· 函数　tan,tanh

功能　正切函数与双曲正切函数

格式　Y=tan(X)　%计算参量 X(可以是向量、矩阵,元素可以是复数)中每一个角度分量的正切值 Y,所有角度分量的单位为弧度。须要指出的是,tan(pi/2)并不是精确的零,而是与浮点精度有关的无穷小量 eps,因为 pi 仅仅是精确值 π 浮点近似的表示值而已

Y=tanh(X)　%返回参量 X 中每一个元素的双曲正切函数值 Y

【例 5】　x=(－pi/2)+0.01:0.01:(pi/2)－0.01;　%稍微缩小定义域

plot(x,tan(x))

x=－5:0.01:5;plot(x,tanh(x))

· 函数　atan,atanh

功能　反正切函数与反双曲正切函数

格式　Y=atan(X)　%返回参量 X(可以是向量、矩阵)中每一个元素的反正切函数值 Y。若 X 中有的分量为实数,则 Y=atan(X)对应的分量处于[－π/2,π/2]之间

Y=atanh(X)　%返回参量 X 中每一个元素的反双曲正切函数值 Y

【例 6】　x=－20:0.01:20;plot(x,atan(x))

x=－0.99:0.01:0.99;plot(x,atanh(x))

· 函数　cot,coth

功能　余切函数与双曲余切函数

格式　Y=cot(X)　% 计算参量 X(可以是向量、矩阵,元素可以是复数)中每一个角度分量的余切值 Y,所有角度分量的单位为弧度

Y=coth(X)　% 返回参量 X 中每一个元素的双曲余切函数值 Y

【例 7】　x1=－pi+0.01:0.01:－0.01;　% 去掉奇异点 $x=0$

x2=0.01:0.01:pi－0.01;　%做法同上

plot(x1,cot(x1),x2,cot(x2))

plot(x1,coth(x1),x2,coth(x2))

· 函数　acot,acoth

功能　反余切函数与反双曲余切函数

格式　Y=acot(X)　% 返回参量 X(可以是向量、矩阵)中每一个元素的反余切函数 Y

Y=acoth(X)　% 返回参量 X 中每一个元素的反双曲余切函数值 Y

【例 8】 x1=－2＊pi:pi/30:－0.1;x2=0.1:pi/30:2＊pi;　%去掉奇异点 $x=0$

```
plot(x1,acot(x1),x2,acot(x2))
x1=-30:0.1:-1.1;x2=1.1:0.1:30;
plot(x1,acoth(x1),x2,acoth(x2))
```

· 函数　sec,sech

功能　正割函数与双曲正割函数

格式　Y=sec(X)　% 计算参量 X(可以是向量、矩阵,元素可以是复数)中每一个角度分量的正割函数值 Y,所有角度分量的单位为弧度。须要指出的是,sec(pi/2)并不是无穷大,而是与浮点精度有关的无穷小量 eps 的倒数,因为 pi 仅仅是精确值 π 浮点近似的表示值而已

Y=sech(X)　% 返回参量 X 中每一个元素的双曲正割函数值 Y

【例 9】 x1=－pi/2+0.01:0.01:pi/2－0.01;　%去掉奇异点 x=pi/2

```
x2=pi/2+0.01:0.01:(3*pi/2)-0.01;
plot(x1,sec(x1),x2,sec(x2))
x=-2*pi:0.01:2*pi;
plot(x,sech(x))
```

· 函数　asec,asech

功能　反正割函数与反双曲正割函数

格式　Y=asec(X)　　　　% 返回参量 X(可以是向量、矩阵)中每一个元素的反正割函数值 Y

Y=asech(X)　% 返回参量 X 中每一个元素的反双曲正割函数值 Y

【例 10】 x1=－5:0.01:－1;x2=1:0.01:5

```
plot(x1,asec(x1),x2,asec(x2))
x=0.01:0.001:1;plot(x,asech(x))
```

· 函数　csc,csch

功能　余割函数与双曲余割函数

格式　Y=csc(X)　% 计算参量 X(可以是向量、矩阵,元素可以是复数)中每一个角度分量的余割函数值 Y,所有角度分量的单位为弧度

Y=csch(X)　% 返回参量 X 中每一个元素的双曲余割函数值 Y

【例 11】 x1=－pi+0.01:0.01:－0.01;x2=0.01:0.01:pi－0.01;

%去掉奇异点 $x=0$

```
plot(x1,csc(x1),x2,csc(x2))
```

plot(x1,csch(x1),x2,csch(x2))

· 函数　acsc,acsch

功能　反余割函数与反双曲余割函数

格式　Y=acsc(X)　　% 返回参量 X(可以是向量、矩阵)中每一个元素的反余割函数值 Y

Y=acsch(X)　%返回参量 X 中每一个元素的反双曲余割函数值 Y

【例 12】 x1=-10:0.01:-1.01;x2=1.01:0.01:10;　　%去掉奇异点 $x=1$

plot(x1,acsc(x1),x2,acsc(x2))

x1=-20:0.01:-1;x2=1:0.01:20;

plot(x1,acsch(x1),x2,acsch(x2))

(2)取整函数。

· 函数　fix

功能　朝零方向取整

格式　B=fix(A)　%对 A 的每一个元素朝零的方向取整数部分,返回与 A 同维的数组。对于复数参量 A,则返回一个复数,其分量的实数与虚数部分分别取原复数的、朝零方向的整数部分

· 函数　round

功能　朝最近的方向取整

格式　Y=round(X)　%对 X 的每一个元素朝最近的方向取整数部分,返回与 X 同维的数组。对于复数参量 X,则返回一复数,其分量的实数与虚数部分分别取原复数的、朝最近方向的整数部分。

· 函数　ceil

功能　朝负无穷大方向取整

格式　B=floor(A)　%对 A 的每一个元素朝负无穷大的方向取整数部分,返回与 A 同维的数组。对于复数参量 A,则返回一个复数,其分量的实数与虚数部分分别取原复数的、朝负无穷大方向的整数部分

· 函数　ceil

功能　朝正无穷大方向取整

格式　B=ceil(A)　%对 A 的每一个元素朝正无穷大的方向取整数部分,返回与 A 同维的数组。对于复数参量 A,则返回一个复数,其分量的实数与虚数部分分别取原复数的、朝正无穷大方向的整数部分

(3)指数与对数。

· 函数　exp

功能　以 e 为底数的指数函数

格式　Y=exp(X)　%对参量 X 的每一分量,求以 e 为底数的指数函数 Y。X 中的分

量可以为复数。对于复数分量,如 $z=x+i*y$,则相应地计算:e^ z=e^ x * (cos(y)+i * sin(y))

· 函数 log

功能 自然对数,即以 e 为底数的对数

格式 Y=log(X) %对参量 X 中的每一个元素计算自然对数。其中 X 中的元素可以是复数与负数,但由此可能得到意想不到的结果。若 $z=x+i*y$,则 log 对复数的计算如下:log(z)=log(abs(z))+i * atan2(y,x)

· 函数 log10

功能 常用对数,即以 10 为底数的对数

格式 Y=log10(X) %计算 X 中的每一个元素的常用对数,若 X 中出现复数,则可能得到意想不到的结果

(4)实数与复数。

· 函数 abs

功能 数值的绝对值与复数的幅值

格式 Y=abs(X) %返回参量 X 的每一个分量的绝对值;若 X 为复数,则返回每一分量的幅值:abs(X)=sqrt(real(X).^2+imag(X).^2)

· 函数 conj

功能 复数的共轭值

格式 ZC=conj(Z) %返回参量 Z 的每一个分量的共轭复数:conj(Z)=real(Z)-i * imag(Z)

· 函数 imag

功能 复数的虚数部分

格式 Y=imag(Z) %返回输入参量 Z 的每一个分量的虚数部分

· 函数 real

功能 复数的实数部分

格式 Y=real(Z) %返回输入参量 Z 的每一个分量的实数部分

· 函数 angle

功能 复数的相角

格式 P=angle(Z) %返回输入参量 Z 的每一复数元素的、单位为弧度的相角,其值在区间[$-\pi$,π]上

说明:angle(Z)=imag(log(Z))=atan2(imag(Z),real(Z))。

· 函数 complex

功能 用实数与虚数部分创建复数

格式 c=complex(a,b) %用两个实数 a,b 创建复数 $c=a+b$i。输出参量 c 与 a,b 同型(同为向量、矩阵或多维阵列)。该命令比下列形式的复数输入更有用:a+i * b 或 a+j * b,因为 i 和 j 可能被用做其他的变量(不等于 sqrt(-1)),或者 a 和 b 不是双精度的

c＝complex(a)　　%输入参量 a 作为输出复数 c 的实部，其虚部为 0：$c=a+0*i$

· 函数　mod

功能　模数(带符号的除法余数)

格式　M＝mod(X，Y)　%输入参量 X,Y 应为整数，此时返回余数 $X-Y.*\text{floor}(X./Y)$，若 $Y\neq0$，或者是 X。若运算数 X 与 Y 有相同的符号，则 mod(X,Y)＝rem(X,Y)。总之，对于整数 X,Y，有 mod(－X，Y)＝rem$(-X,Y)$＋Y。若输入为实数或复数，由于浮点数在计算机上的不精确表示，该操作将导致不可预测的结果

【例 13】

```
>>A=[-1.9,-0.2,3.1415926,5.6,7.0,2.4+3.6i];
>>B=fix(A)
```

计算结果如下：

```
B=
    Columns  1  through  4
     -1.0000          0          3.0000          5.0000
    Columns  5  through  6
      7.0000          2.0000+3.0000i
```

【例 14】

```
>>A=[-1.9,-0.2,3.1415926,5.6,7.0,2.4+3.6i];
>>Y=round(A)
```

计算结果如下：

```
Y=
  Columns  1  through  4
     -2.0000     0     3.0000     6.0000
  Columns  5  through  6
     7.0000   2.0000+4.0000i
```

【例 15】

```
>>A=[-1.9,-0.2,3.1415926,5.6,7.0,2.4+3.6i];
>>F=floor(A)
```

计算结果如下：

```
F=
    Columns  1  through  4
     -2.0000       -1.0000      3.0000      5.0000
    Columns  5  through  6
     7.0000     2.0000+3.0000i
```

【例 16】

```
>>A=[-1.9,-0.2,3.1415926,5.6,7.0,2.4+3.6i];
>>B=ceil(A)
```

计算结果如下：

```
B=
    Columns  1  through  4
    -1.0000         0        4.0000         6.0000
    Columns  5  through  6
    7.0000     3.0000+4.0000i
```

【例 17】 下面的语句可以得到无理数 π 的近似值：

```
>>Pi=abs(log(-1))
```

计算结果如下：

```
Pi=
    3.1416
```

【例 18】

```
>>M1=mod(13,5)
>>M2=mod([1:5],3)
>>M3=mod(magic(3),3)
```

计算结果如下：

```
M1=
    3
M2=
    1    2    0    1    2
M3=
    2    1    0
    0    2    1
    1    0    2
```

三、实验任务

(1)画出常见基本初等函数图形。

(2)计算自然对数底 e 的值。

(3)利用命令创建复数 3+2i,并计算其实部、虚部、模、辐角主值。

实验 3　微积分运算

一、实验目的

学会运用 Matlab 软件进行有关微积分的基本运算。

二、实验内容

常用运算指令如下：

(1)一元函数的数值积分。

· 函数　quad

功能　数值定积分，自适应 Simpleson 积分法

格式　q=quad(fun,a,b)　　%近似地从 a 到 b 计算函数 fun 的数值积分，误差为 10^{-6}。若给 fun 输入向量 $\boldsymbol{x}$，应返回向量 $\boldsymbol{y}$，即 fun 是一单值函数。

· 函数　trapz

功能　梯形法数值积分

格式　T=trapz(Y)　　%用等距梯形法近似计算 Y 的积分。若 Y 是一个向量，则 trapz(Y)为 Y 的积分；若 Y 是一个矩阵，则 trapz(Y)为 Y 的每一列的积分；若 Y 是一个多维阵列，则 trapz(Y)沿着 Y 的第一个非单元集的方向进行计算

T=trapz(X,Y)　%用梯形法计算 Y 在 X 点上的积分。若 X 为一列向量，Y 为矩阵，且 size(Y,1)=length(X)，则 trapz(X,Y)通过 Y 的第一个非单元集方向进行计算

(2)二元函数重积分的数值计算。

· 函数　dblquad

功能　矩形区域上的二重积分的数值计算

格式　q=dblquad(fun,xmin,xmax,ymin,ymax)　　%调用函数 quad 在区域[xmin,xmax,ymin,ymax]上计算二元函数 $z=f(x,y)$ 的二重积分。输入向量 $\boldsymbol{x}$，标量 y，则 $f(x,y)$ 必须返回一个用于积分的向量

q=dblquad(fun,xmin,xmax,ymin,ymax,tol)　%用指定的精度 tol 代替缺省精度 10^{-6}，再进行计算。

· 函数　quad2dggen

功能　任意区域上二元函数的数值积分

格式　q=quad2dggen(fun,xlower,xupper,ymin,ymax)　%在由[xlower,xupper, ymin,ymax]指定的区域上计算二元函数 $z=f(x,y)$的二重积分

q=dblquad(fun,xlower,xupper,ymin,ymax,tol) %用指定的精度 tol 代替缺省精度 10^{-6},再进行计算。

(3)微积分相关的符号运算。

①命令　极限

函数　limit

格式　limit(F,x,a)　%当 $x\to a$ 时,计算符号表达式 $F=F(x)$的极限值

limit(F,a)　　%用命令 findsym(F)确定 F 中的自变量,设为变量 x,当 $x\to a$ 时,再计算 F 的极限值

limit(F)　　%用命令 findsym(F)确定 F 中的自变量,设为变量 x,当 $x\to 0$ 时,再计算 F 的极限值

limit(F,x,a,'right')或 limit(F,x,a,'left')　%计算符号函数 F 的单侧极限:左极限 $x\to a^-$ 或右极限 $x\to a^+$

②命令　导数(包括偏导数)

函数　diff

格式　diff(S,'v')、diff(S,sym('v'))　%对表达式 S 中指定符号变量 v 计算 S 的 1 阶导数

diff(S)　%对表达式 S 中的符号变量 v 计算 S 的 1 阶导数,其中 v=findsym(S)

diff(S,n)　%对表达式 S 中的符号变量 v 计算 S 的 n 阶导数,其中 v=findsym(S)

diff(S,'v',n)　%对表达式 S 中指定的符号变量 v 计算 S 的 n 阶导数

③命令　符号函数的积分

函数　int

格式　R=int(S,v)　%对符号表达式 S 中指定的符号变量 v 计算不定积分。须要注意的是,表达式 R 只是函数 S 的一个原函数,后面没有带任意常数 C

R=int(S)　%对符号表达式 S 中的符号变量 v 计算不定积分,其中 v=findsym(S)

R=int(S,v,a,b)　%对表达式 S 中指定的符号变量 v 计算从 a 到 b 的定积分

R=int(S,a,b)　　%对符号表达式 S 中的符号变量 v 计算从 a 到 b 的定积分,其中 v=findsym(S)

④命令　常微分方程的符号解

函数　dsolve

格式　r=dsolve('eq1,eq2,…','cond1,cond2,…','v')

说明:对给定的常微分方程(组)eq1,eq2,…中指定的符号自变量 v,与给定的边界条件和初始条件 cond1,cond2,…求符号解(即解析解)r;若没有指定变量 v,则缺省变量为 t;在微分方程(组)的表达式 eq 中,大写字母 D 表示对自变量(设为 x)的微分算子:D=d/dx,D2=d2/dx2,…。微分算子 D 后面的字母则表示为因变量,即待求解的未知函数。初始和边界条件由

字符串表示：y(a)=b，Dy(c)=d，D2y(e)=f，等等，分别表示 $y(x)\Big|_{x=a}=b$，$y'(x)\Big|_{x=c}=d$，$y''(x)\Big|_{x=e}=f$；若边界条件少于方程（组）的阶数，则返回的结果 r 中会出现任意常数 C1，C2，…；dsolve 命令最多可以接受 12 个输入参量（包括方程组与定解条件个数，当然，我们可以做到输入的方程个数多于 12 个，只要将多个方程置于一个字符串内即可）。若没有给定输出参量，则在命令窗口显示解列表。若该命令找不到解析解，则返回一警告信息，同时返回一空的 sym 对象。这时，用户可以用命令 ode23 或 ode45 求解方程组的数值解。

(4)函数的图形。

①命令　画符号函数的图形

函数　ezplot

格式　ezplot(f)　%对于显式函数 $f=f(x)$，在缺省的范围[$-\pi<x<\pi$]上画函数 $f(x)$ 的图形；对于隐函数 $f=f(x,y)$，在缺省的平面区域[$-2\pi<x<2\pi$，$-2\pi<y<2\pi$]上画函数 $f(x,y)$ 的图形。

ezplot(f,[min,max])　%在指定的范围[min<x<max]内画函数表达式 $f=f(x)$ 的图形。若没有图形窗口存在，则该命令先生成标题为 Figure No. 1 的新窗口，再在该窗口中操作；若已经有图形窗口存在，则在标号最高的图形窗口中进行操作

ezplot(f,[xminxmax],fign)　%在指定标号 fign 的窗口中、指定的范围[xmin　xmax]内画出函数 $f=f(x)$ 的图形

ezplot(f,[xmin,xmax,ymin,ymax])　%在平面矩形区域[xmin<x<xmax，ymin<y<ymax]上画出函数 $f(x,y)=0$ 的图形

ezplot(x,y)　%在缺省的范围 $0<t<2\pi$ 内画参数形式函数 $x=x(t)$ 与 $y=y(t)$ 的图形

ezplot(x,y,[tmin,tmax])　%在指定的范围[tmin<t<tmax]内画参数形式函数 $x=x(t)$ 与 $y=y(t)$ 的图形

ezplot(…,figure)　%在由参量 figure 句柄指定的图形窗口中画函数图形

②命令　画极坐标图形

函数　ezpolar

格式　ezpolar(f)　%在缺省的范围 $0<\theta<2\pi$ 内画极坐标函数 rho=$f(\theta)$ 的图形，且将函数关系式显示于图形下方

ezpolar(f,[a,b])　%在指定的范围 $a<\theta<b$ 内画极坐标函数 rho=$f(\theta)$ 的图形，且将函数关系式显示于图形下方

③命令　三维带颜色的曲面图

函数　ezsurf

格式　ezsurf(f)　%画出二元数学符号函数 $z=f(x,y)$ 的曲面图形。函数 f 将显示于缺省的平面区域[$-2\pi<x<2\pi$，$-2\pi<y<2\pi$]内。系统将根据函数的变动程度自动选择相应的计算栅格。若函数 f 在栅格点上没有定义，则这些点将不显示

ezsurf(f,domain)　%在指定的定义域 domain 内画出二元函数 $f(x,y)$的曲面图形，domain 可以是四维向量[xmin,xmax,ymin,ymax]，或者是二维向量[min,max]（其中有 $\min<x<\max$，$\min<y<\max$）

ezsurf(x,y,z)　%在缺省的矩形定义域范围 $-2\pi<s<2\pi$，$-2\pi<t<2\pi$ 内画出参数形式函数 $x=x(s,t)$、$y=y(s,t)$与 $z=z(s,t)$的曲面图形

ezsurf(x,y,z,[smin,smax,tmin,tmax])或 ezsurf(x,y,z,[min,max])　%用指定的定义域画出参数形式的曲面图形

ezsurf(…,n)　%用指定 $n*n$ 个栅格点，在缺省（若没有指定）的区域内画出函数 f 的图形，n 的缺省值为 60

ezsurf(…,'circ')　%在一圆形中心位于定义域在中心的范围内画出函数 f 的曲面图形

(5)符号函数的 Taylor 级数展开式。

函数　taylor

格式　r=taylor(f,n,v)　%返回符号表达式 f 中的、指定的符号自变量 v（若表达式 f 中有多个变量时）的 $n-1$ 阶的 Maclaurin 多项式（即在零点附近 $v=0$）近似式，其中 v 可以是字符串或符号变量

r=taylor(f)　%返回符号表达式 f 中的、符号变量 v 的 6 阶的 Maclaurin 多项式（即在零点附近 $v=0$）近似式，其中 $v=\text{findsym}(f)$

r=taylor(f,n,v,a)　%返回符号表达式 f 中的、指定的符号自变量 v 的 $n-1$ 阶的 Taylor 级数（在指定的 a 点附近 $v=a$）的展开式。其中 a 可以是一数值、符号、代表一数值的字符串或未知变量。须要指出的是，用户可以以任意的次序输入参量 n，v 与 a，命令 taylor 能从它们的位置与类型确定它们的目的。解析函数 $f(x)$在点 $x=a$ 的 Taylor 级数定义如下：

$$f(x)=\sum_{n=0}^{\infty}\frac{f^{(n)}(a)}{n!}(x-a)^n$$

【例 1】

```
>>fun=inline('3*x.^2./(x.^3-2*x.^2+3)');
>>Q1=quad(fun,0,2)
>>Q2=quadl(fun,0,2)
```

计算结果如下：

```
Q1=
    3.7224
Q2=
    3.7224
```

【例 2】

```
>>X=-1:.1:1;
>>Y=1./(1+25*X.^2);
```

```
>>T=trapz(X,Y)
```

计算结果如下：

```
T=
    0.5492
```

【例 3】 计算单位圆域上的积分：$I=\iint\limits_{x^2+y^2\leqslant 1} e^{-\frac{x^2}{2}}\sin(x^2+y)\mathrm{d}x\mathrm{d}y$。

解　先把二重积分转化为二次积分的形式：$I=\int_{-1}^{1}\mathrm{d}y\int_{-\sqrt{1-y^2}}^{\sqrt{1-y^2}} e^{-\frac{x^2}{2}}\sin(x^2+y)\mathrm{d}x$。

```
f=inline('exp(-x.^2/2).*sin(x.^2+y)','x','y');
xlower=inline('-sqrt(1-y.^2)','y');xupper=inline('sqrt(1-y.^2)','y');
Q=quad2dggen(fun,xlower,xupper,-1,1,1e-4)
```

计算结果如下：

```
  Q=
      0.5368603818
```

【例 4】

```
>>symsxathn;
>>L1=limit((cos(x)-1)/x)
>>L2=limit(1/x^2,x,0,'right')
>>L3=limit(1/x,x,0,'left')
>>L4=limit((log(x+h)-log(x))/h,h,0)
>>v=[(1+a/x)^x,exp(-x)];
>>L5=limit(v,x,inf,'left')
>>L6=limit((1+2/n)^(3*n),n,inf)
```

计算结果如下：

```
L1=
    0
L2=
    inf
L3=
    -inf
L4=
    1/x
L5=
    [exp(a),0]
```

```
L6=
    exp(6)
```

【例 5】 >>syms x y t

>>D1=diff(sin(x^2)*y^2,2) %计算 $\frac{\partial^2}{\partial x^2}y^2\sin x^2$

>>D2=diff(D1,y) %计算 $\frac{\partial}{\partial y}\left(\frac{\partial^2}{\partial x^2}y^2\sin x^2\right)$

>>D3=diff(t^6,6)

计算结果如下：

```
D1=
    -4*sin(x^2)*x^2*y^2+2*cos(x^2)*y^2
D2=
    -8*sin(x^2)*x^2*y+4*cos(x^2)*y
D3=
    720
```

【例 6】 >>syms x z t alpha

```
>>INT1=int(-2*x/(1+x^3)^2)
>>INT2=int(x/(1+z^2),z)
>>INT3=int(INT2,x)
>>INT4=int(x*log(1+x),0,1)
>>INT5=int(2*x,sin(t),1)
>>INT6=int([exp(t),exp(alpha*t)])
```

计算结果如下：

```
INT1=
    -2/9/(x+1)+2/9*log(x+1)-1/9*log(x^2-x+1)-2/9*3^(1/2)*
atan(1/3*(2*x-1)*…*3^(1/2))-2/9*(2*x-1)/(x^2-x+1)
INT2=
    x*atan(z)
INT3=
    1/2*x^2*atan(z)
INT4=
    1/4
INT5=
    1-sin(t)^2
INT6=
```

```
    [exp(t),1/alpha*exp(alpha*t)]
```

【例 7】

```
>>D1=dsolve('D2y - Dy=exp(x)')
>>D2=dsolve('t*D2f=Df*log((Dy)/t)')
>>D3=dsolve('(Dy)^2+y^2=1','s')
>>D4=dsolve('Dy=a*y','y(0)=b')   %带一个定解条件
>>D5=dsolve('D2y=-a^2*y','y(0)=1','Dy(pi/a)=0')   %带两个定解条件
>>[x,y]=dsolve('Dx=y','Dy=-x')   %求解线性微分方程组
>>[u,v]=dsolve('Du=u+v,Dv=u-v')
```

计算结果如下：

```
D1=
   -exp(x)*t+C1+C2*exp(t)
D2=
   y(t)=Int(exp(t*diff(f(t),'$'(t,2))/diff(f(t),t))*t,t)+C1
D3=
   [          -1]
   [           1 ]
   [   sin(s-C1)]
   [-sin(s-C1)]
D4=
   b*exp(a*t)
D5=
   cos(a*t)
x=
   cos(t)*C1+sin(t)*C2
y=
   -sin(t)*C1+cos(t)*C2
u=
   1/2*C1*exp(2^(1/2)*t)-1/4*C1*2^(1/2)*exp(-2^(1/2)*t)+1/4*C1*
2^(1/2)*exp(2^(1/2)*t)+1/2*C1*exp(-2^(1/2)*t)-1/4*C2*2^(1/2)*
exp(-2^(1/2)*t)+1/4*C2*2^(1/2)*exp(2^(1/2)*t)
v=
   -1/4*C1*2^(1/2)*exp(-2^(1/2)*t)+1/4*C1*2^(1/2)*exp(2^(1/2)*t)+
1/2*C2*exp(2^(1/2)*t)+1/4*C2*2^(1/2)*exp(-2^(1/2)*t)-1/4*C2*2^(1/2)*
exp(2^(1/2)*t)+1/2*C2*exp(-2^(1/2)*t)
```

【例 8】

```
>>syms x y   %隐函数图
```

```
>>ezplot(x^6-y^2)
>>syms x      %显函数图
>>ezplot(exp(x) * sin(x)/x)
>>grid on
```

结果如图 3.1 和图 3.2 所示。

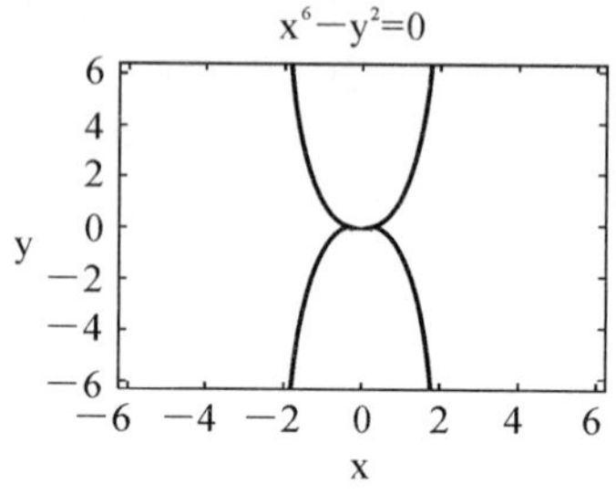

图 3.1　隐函数图

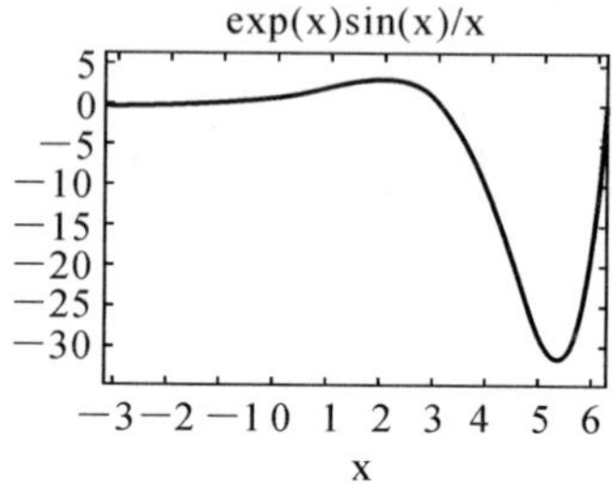

图 3.2　显函数图

【例 9】 >>syms t

```
>>ezpolar(1+cos(5 * t))
```

结果如图 3.3 和图 3.4 所示。

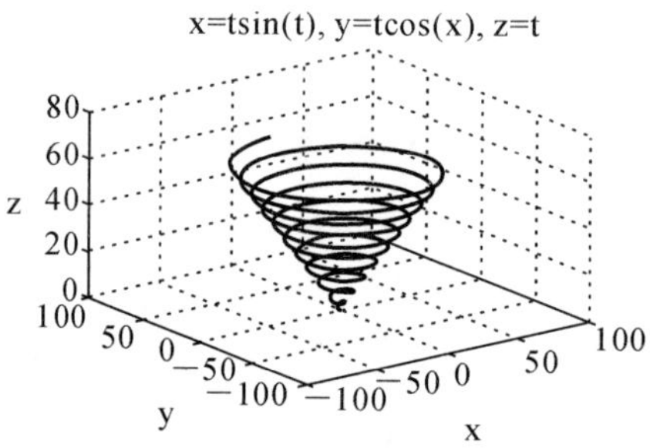

图 3.3　三维曲线图

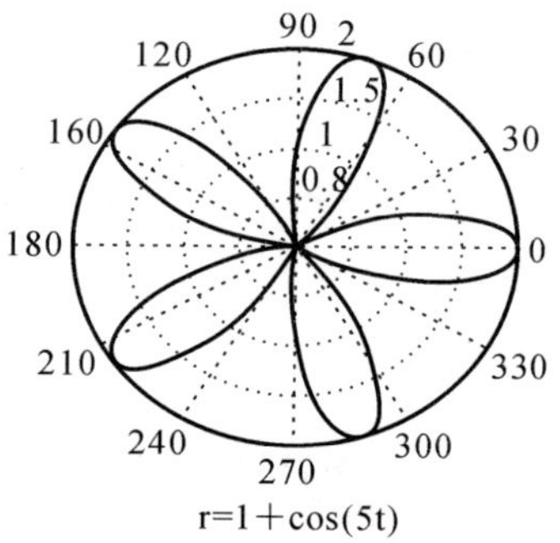

图 3.4　极坐标图

【例 10】

```
>>syms x y a pi m m1 m2
>>f=sin(x+pi/3);
>>T1=taylor(f)
>>T2=taylor(f,9)
>>T3=taylor(f,a)
>>T4=taylor(f,m1,m2)
>>T5=taylor(f,m,a)
```

```
>>T6=taylor(f,y)
>>T7=taylor(f,y,m)    %或 taylor(f,m,y)
>>T8=taylor(f,m,y,a)
>>T9=taylor(f,y,a)
```

计算结果如下：

```
T1=
1/2*3^(1/2)+1/2*x-1/4*3^(1/2)*x^2-1/12*x^3+1/48*3^(1/2)*x^4+1/240*x^5
T2=
1/2*3^(1/2)+1/2*x-1/4*3^(1/2)*x^2-1/12*x^3+1/48*3^(1/2)*x^4+1/240*x^5-1/1440*3^(1/2)*x^6-1/10080*x^7+1/80640*3^(1/2)*x^8
T3=
sin(a+1/3*pi)+cos(a+1/3*pi)*(x-a)-1/2*sin(a+1/3*pi)*(x-a)^2-1/6*cos(a+1/3*pi)*(x-a)^3+1/24*sin(a+1/3*pi)*(x-a)^4+1/120*cos(a+1/3*pi)*(x-a)^5
T4=
sin(m2+1/3*pi)+cos(m2+1/3*pi)*(x-m2)-1/2*sin(m2+1/3*pi)*(x-m2)^2-1/6*cos(m2+1/3*pi)*(x-m2)^3+1/24*sin(m2+1/3*pi)*(x-m2)^4+1/120*cos(m2+1/3*pi)*(x-m2)^5
T5=
sin(a+1/3*pi)+cos(a+1/3*pi)*(x-a)-1/2*sin(a+1/3*pi)*(x-a)^2-1/6*cos(a+1/3*pi)*(x-a)^3+1/24*sin(a+1/3*pi)*(x-a)^4+1/120*cos(a+1/3*pi)*(x-a)^5
T6=
sin(y+1/3*pi)+cos(y+1/3*pi)*(x-y)-1/2*sin(y+1/3*pi)*(x-y)^2-1/6*cos(y+1/3*pi)*(x-y)^3+1/24*sin(y+1/3*pi)*(x-y)^4+1/120*cos(y+1/3*pi)*(x-y)^5
T7=
sin(m+1/3*pi)+cos(m+1/3*pi)*(x-m)-1/2*sin(m+1/3*pi)*(x-m)^2-1/6*cos(m+1/3*pi)*(x-m)^3+1/24*sin(m+1/3*pi)*(x-m)^4+1/120*cos(m+1/3*pi)*(x-m)^5
T8=
sin(a+1/3*pi)+cos(a+1/3*pi)*(x-a)-1/2*sin(a+1/3*pi)*(x-a)^2-1/6*cos(a+1/3*pi)*(x-a)^3+1/24*sin(a+1/3*pi)*(x-a)^4+1/120*cos(a+1/3*pi)*(x-a)^5
```

T9=

sin(a+1/3 * pi)+cos(a+1/3 * pi) * (x−a)−1/2 * sin(a+1/3 * pi) * (x−a)^2−1/6 * cos(a+1/3 * pi) * (x−a)^3+1/24 * sin(a+1/3 * pi) * (x−a)^4+1/120 * cos(a+1/3 * pi) * (x−a)^5

三、实验任务

(1)求 $f(x)=\sin\left(e^{\arctan(x^2+x)}\right)$ 的导数。

(2) 计算 $\iint\limits_{1\leqslant x^2+y^2\leqslant 4}(x^3+\sin y)\tan(x+y)\,dx\,dy$。

(3) 将函数 $f(x)=\sin x^2$ 展开为麦克劳林级数。

(4) 画出 $f(x,y)=\sin(x+y)\cos(x-y)$ 的图形。

(5) 解方程 $y''+3y'+2y=\sin x$ 。

实验 4　线性方程组求解

一、实验目的

学会用 Matlab 软件对矩阵进行初等行变换的命令以及线性方程组的四种解法，重点掌握使用 rref( )命令求解线性方程组。

二、实验内容

【例 1】 求解线性方程组

$$\begin{cases} x_1 + 1.5x_2 + 2x_3 + 9x_4 + 7x_5 = 3 \\ 3.6x_2 + 0.5x_3 - 4x_4 + 4x_5 = -4 \\ 7x_1 + 10x_2 - 3x_3 + 22x_4 + 33x_5 = 20 \\ 3x_1 + 7x_2 + 8.5x_3 + 21x_4 + 6x_5 = 5 \\ 3x_1 + 8x_2 + 90x_4 - 20x_5 = 16 \end{cases}$$

要求用下列方法求解该方程组：

(1) 逆矩阵法；

(2) 矩阵的左除法；

(3) 初等行变换；

(4) 克莱姆法则。

分析　将该方程组写成矩阵形式：

$$\boldsymbol{Ax} = \boldsymbol{b}$$

如果方阵 A 满秩，则

$$\boldsymbol{x} = \boldsymbol{A}^{-1}\boldsymbol{b}$$

该题中，

$$\boldsymbol{A} = \begin{pmatrix} 1 & 1.5 & 2 & 9 & 7 \\ 0 & 3.6 & 0.5 & -4 & 4 \\ 7 & 10 & -3 & 22 & 33 \\ 3 & 7 & 8.5 & 21 & 6 \\ 3 & 8 & 0 & 90 & -20 \end{pmatrix}, \quad \boldsymbol{b} = \begin{pmatrix} 3 \\ -4 \\ 20 \\ 5 \\ 16 \end{pmatrix}$$

解法一　逆矩阵法

在 Matlab 命令窗口输入命令：

```
A=[1,1.5,2,9,7;0,3.6,0.5,-4,4;7,10,-3,22,33;3,7,8.5,21,6;3,8,0,90,-20];
b=[3;-4;20;5;16];
n=rank(A)        %如果矩阵满秩,则可以用逆矩阵法
```

计算结果为

```
n =

    5
```

即该系数矩阵 **A** 满秩,则可以用逆矩阵法,继续在 Matlab 命令窗口输入命令:

```
x=inv(A) * b
```

得到的结果是

```
x =          3.5653
            -0.9255
            -0.2695
             0.1435
             0.0101
```

程序如图 4.1 所示。

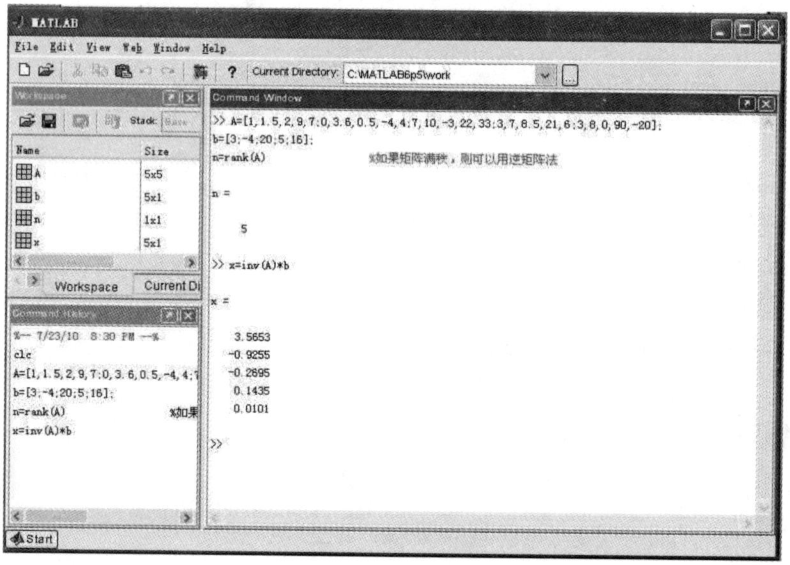

图 4.1　运行程序图

解法二　矩阵的左除法

Matlab 软件定义了矩阵左除和矩阵右除运算,针对方程组的矩阵形式 $\boldsymbol{Ax}=\boldsymbol{b}$,等式两端左除 **A**,得到用 Matlab 的形式表达为

$$\boldsymbol{x}=\boldsymbol{A}\backslash\boldsymbol{b}$$

在 Matlab 命令窗口输入命令：

```
A=[1,1.5,2,9,7;0,3.6,0.5,-4,4;7,10,-3,22,33;3,7,8.5,21,6;3,8,0,90,-20];
b=[3;-4;20;5;16];
x=A\b
```

得到的结果是

```
x =          3.5653
            -0.9255
            -0.2695
             0.1435
             0.0101
```

解法三　初等行变换

在 Matlab 命令窗口输入命令：

```
A=[1,1.5,2,9,7;0,3.6,0.5,-4,4;7,10,-3,22,33;3,7,8.5,21,6;3,8,0,90,-20];
b=[3;-4;20;5;16];
B=[A,b]        %增广矩阵 B
U=Rref(B)      %将增广矩阵 B 化为最简形
```

得到结果是

```
U =
    1.0000   0        0        0        0         3.5653
    0        1.0000   0        0        0        -0.9255
    0        0        1.0000   0        0        -0.2695
    0        0        0        1.0000   0         0.1435
    0        0        0        0        1.0000    0.0101
```

矩阵 $\boldsymbol{U}$ 即为方程组增广矩阵的最简形，矩阵的最后一列即为方程组的解。

解法四　克莱姆法则

用 Matlab 的 M 文件编辑器，编写 klm.m

```
% 用克莱姆法则求解方程组
clear                                    % 清除变量
n=input('方程个数 n=')                    % 请用户输入方程个数
A=input('系数矩阵 A=')                    % 请用户输入方程组的系数矩阵
b=input('常数列向量 b=')                  % 请用户输入常数列向量
if (size(A)~=[n,n]) | (size(b)~=[n,1])   % 判断矩阵 A 和向量 b 输入格式是否正确
    disp('输入不正确，要求 A 是 n 阶方阵，b 是 n 维列向量')   % 显示字符串内容
elseif   det(A)==0                       % 判断系数行列式是否为零
    disp('系数行列式为零，不能用克莱姆法则解此方程。')
```

```
    else
        for i=1:n
            B=A;                      % 构造与A相等的矩阵B
            B(:,i)=b;                 % 用列向量b替代矩阵B中的第i列
            x(i)=det(B)/det(A);       % 根据克莱姆法则计算x1,x2,…,xn
        end
        x=x'                          % 以列向量形式显示方程组的解
    end
```

运行：

在 Matlab 中命令窗口中输入：

```
klm
```

得到以下的人机对话结果：

```
方程组个数  n=5
n=
    5
```

系数矩阵 $\boldsymbol{A}$= [1,1.5,2,9,7;0,3.6,0.5,-4,4;7,10,-3,22,33;3,7,8.5,21,6;3,8,0,90,-20];

常数列向量 $\boldsymbol{b}$= [3;-4;20;5;16]

得到的结果是

```
x =          3.5653
            -0.9255
            -0.2695
             0.1435
             0.0101
```

运行结果如图 4.2 所示。

注意 对线性方程组 $\boldsymbol{Ax}=\boldsymbol{b}$ 的求解，其中 $\boldsymbol{A}$ 是一般的 $m\times n$ 矩阵，Matlab 提供了一个常用函数命令：$\boldsymbol{x}=\boldsymbol{A}\backslash\boldsymbol{b}$。当 $\boldsymbol{b}=0$ 时，"\" 算法只能给出一个零解；当 $m<n$ 时，算法或者给出方程组的一个特解，或者给出系数矩阵不是行满秩的提示；当 $m>n$ 时，算法给出的一般是该方程组得最小二乘解。所以，上面介绍的解方程组的左除法"\"，不能直接应用于求线性方程组的基础解系或通解。

另外，上述的逆矩阵法、克莱姆法则只适合系数矩阵可逆的非齐次线性方程组，而初等行变换的方法既适合系数矩阵可逆，也可在系数矩阵不可逆情形下使用。

【例 2】 求解线性方程组

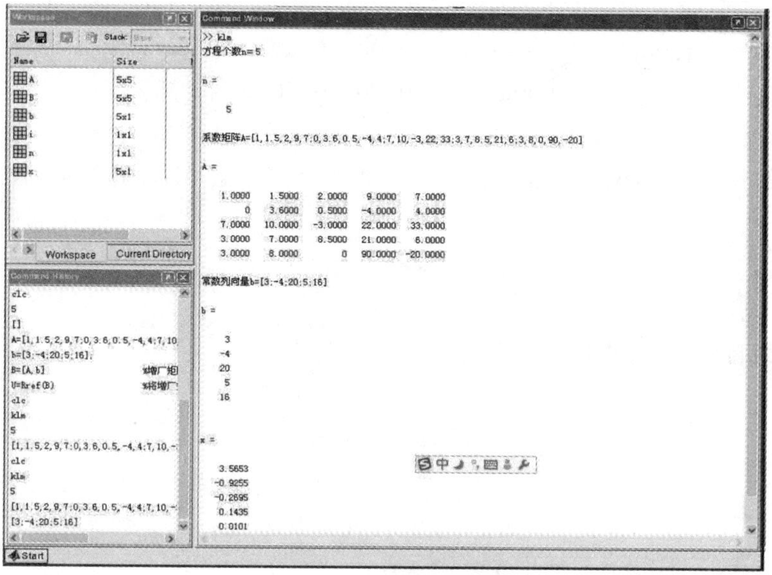

图 4.2 运行结果图

$$\begin{cases} x_1 - x_2 - x_3 + x_4 = 0 \\ x_1 - x_2 + x_3 - 3x_4 = 1 \\ x_1 - x_2 - 2x_3 + 3x_4 = -\dfrac{1}{2} \end{cases}$$

分析 由于该线性方程组系数矩阵不可逆，所以不能使用逆矩阵法、克莱姆法则去求解，而利用左除法当 $m<n$ 时不能给出通解，所以此处只能使用这四种方法中的初等行变换求解。

解 在 Matlab 命令窗口输入命令：

```
A=[1 -1 -1 1;1 -1 1 -3;1 -1 -2 3];
b=[0;1;-1/2];
B=[A,b]                              %增广矩阵 B
r=rank(B)                            %计算增广矩阵的秩
rref(B)                              %将增广矩阵 B 化为最简型
```

得到结果是

```
B=
    1.0000   -1.0000   -1.0000    1.0000         0
    1.0000   -1.0000    1.0000   -3.0000    1.0000
    1.0000   -1.0000   -2.0000    3.0000   -0.5000
r =
    2
```

```
ans=
    1.0000   -1.0000   0        -1.0000   0.5000
    0        0         1.0000   -2.0000   0.5000
    0        0         0        0         0
```

增广矩阵的秩等于2,说明该非齐次线性方程组有多个解,由计算的最简型可得到对应的同解方程组为

$$\begin{cases} x_1 - x_2 - x_4 = 0.5 \\ x_3 - 2x_4 = 0.5 \end{cases}$$

取 x_2, x_4 为自由变量,将最简型对应的方程化为

$$\begin{cases} x_1 = x_2 + x_4 + 0.5 \\ x_3 = 2x_4 + 0.5 \end{cases}$$

其等价于

$$\begin{cases} x_1 = x_2 + x_4 + 0.5 \\ x_2 = x_2 + 0 \times x_4 + 0 \\ x_3 = 0 \times x_2 + 2x_4 + 0.5 \\ x_4 = 0 \times x_2 + x_4 + 0 \end{cases}$$

求得其通解为

$$\begin{pmatrix} x_1 \\ x_2 \\ x_3 \\ x_4 \end{pmatrix} = k_1 \begin{pmatrix} 1 \\ 1 \\ 0 \\ 0 \end{pmatrix} + k_2 \begin{pmatrix} 1 \\ 0 \\ 2 \\ 1 \end{pmatrix} + \begin{pmatrix} 0.5 \\ 0 \\ 0.5 \\ 0 \end{pmatrix}$$

【例 3】 求解齐次线性方程组

$$\begin{cases} x_1 + 2x_2 + x_3 + x_4 + x_5 = 0 \\ 2x_1 + 4x_2 + 3x_3 + x_4 + x_5 = 0 \\ -x_1 - 2x_2 + x_3 + 3x_4 - 3x_5 = 0 \\ \qquad\qquad 2x_3 + 5x_4 - 2x_5 = 0 \end{cases}$$

解

```
clear all
A=[1 2 1 1 1;2 4 3 1 1;-1 -2 1 3 -3; 0 0 2 5 -2];   %输入系数矩阵
[m,n]=size(A);
if A==0
    disp('输入的系数矩阵为零矩阵!')
    return
else
```

```
    disp('齐次线性方程的系数矩阵是:')
        A
    [R,s]=rref(A);          %调用初等行变换子函数
    disp('经过初等行变换,系数矩阵A化为如下'简化阶梯形':')
        R
    disp('系数矩阵A的秩为:')
      r=length(s)
    if r==n
      disp('线性方程组 只有唯一解!')
    else
       %-----------------------------------
       %从矩阵R构成基础解向量
       t=0;
       for i=1:r
           h(i)=s(i);     %确定解向量x的分量次序
       end
       for j=1:n
       k=0
       for i=1:r
           if j==s(i)   k=1;break;end
       end
       if k==0
           t=t+1;  h(r+t)=j;     %确定解向量x的分量次序
           B(:,t)=(-1).*R(:,j);
           end
       end
       B(r+1:n,1:n-r)=eye(n-r,n-r);
       for i=1:n
           C(h(i),:)=B(i,:);      %按变量次序构成基础解向量
       end
       %-------------------------------------
       disp('线性方程组的基础解向量为:')
           X=C
    end
end
```

程序运行后的输出结果是

齐次线性方程组的系数矩阵是：

```
A =
     1     2   1   1     1
     2     4   3   1     1
    -1    -2   1   3    -3
     0     0   2   5    -2
```

经过初等行变换，系数矩阵 **A** 化为如下“行阶梯形”：

```
R =
    1  2  0  0     2
    0  0  1  0    -1
    0  0  0  1     0
    0  0  0  0     0
```

系数矩阵 **A** 的秩为

```
r =
    3
```

线性方程组 $\boldsymbol{AX}=\boldsymbol{0}$ 的基础解向量为

```
X =
    -2   -2
     1    0
     0    1
     0    0
     0    1
```

三、实验任务

1. 试用本实验中四种方法求解线性方程组：

$$\begin{cases} x_1+x_2+x_3=1 \\ x_1+2x_2-x_3=0 \\ 3x_1+5x_2+x_3=3 \end{cases}$$

2. 解线性方程组：

$$\begin{cases} x_1+x_2-3x_3+x_4=1 \\ x_1+5x_2-9x_3-x_4=0 \\ 3x_1-x_2-3x_3=4 \end{cases}$$

讨论该题能否使用逆矩阵法、左除法以及克莱姆法则求解？

第二篇　基础实验

实验5　梯子长度问题

一、问题

一幢楼房的后面是一个很大的花园，在花园中紧靠着楼房有一个温室，温室伸入花园，宽2m，高3m，温室正上方是楼房的窗台。清洁工打扫窗台周围，他得用梯子越过温室，一头放在花园中，一头靠在楼房的墙上。因为温室是不能承受梯子压力的，所以梯子太短是不行的。现清洁工只有一架7m长的梯子，你认为它能达到要求吗？能满足要求的梯子的最小长度为多少？

二、实验目的

掌握求解一元函数极值的驻点法，并会用它解决一些实际问题；掌握运用Matlab求极小值的命令fminbnd(　)。

三、预备知识

(1)一元函数的极值及最值的求法。

(2)Matlab求极小值命令提示：

格式　x=fminbnd(fun,x1,x2)　%返回自变量x在区间$x_1<x<x_2$上函数fun取最小值时的x值，fun为目标函数的表达式字符串或Matlab自定义函数的函数柄

x=fminbnd(fun,x1,x2,options)　%options为指定优化参数选项

[x,fval]=fminbnd(…)　%fval为目标函数的最小值

[x,fval,exitflag]=fminbnd(…)　%exitflag为终止迭代的条件

[x,fval,exitflag,output]=fminbnd(…)　%output为优化信息

说明：参数exitflag>0表示函数收敛于x，exitflag=0表示超过函数估计值或迭代的最大值，exitflag<0表示函数不收敛于x；参数output=iterations表示迭代次数，output=funcount表示函数赋值次数，output=algorithm表示所使用的算法。

四、实验内容与要求

(1)设温室宽为a，高为b，梯子倾斜的角度为x(见图5.1)，当梯子与温室顶端A处刚好接触时，梯子的长度L只与x有关。试写出函数$L(x)$及定义域。

(2)在Matlab环境，先用命令clearx清除x的值，再定义函数$L(x)$，并求导。

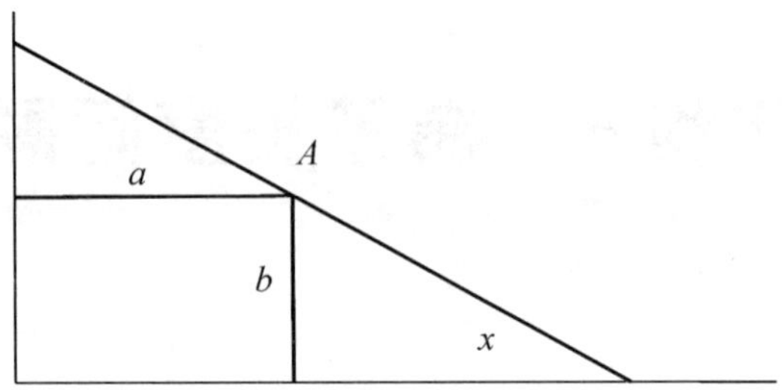

图 5.1

(3)将 a,b 赋值,画出 $L(x)$ 的图形。注意自变量 x 的范围选取。

(4)求驻点,即求方程 $L'(x)$ 的根,用语句 fzero(　)(为什么?),并计算函数在驻点的值。驻点唯一吗?

(5)观测图形,选取初始点,用 fminbnd 直接求 $L(x)$ 的极小值。

(6)取 $a=2,b=2.8$,重新运行程序,结果如何?

五、思考题

(1)取 $a=1.8$,在只用 6.5m 长梯子的情况下,温室最多能修建多高?

(2)查阅参考书籍,了解求极值的数值方法(如 Newton 切线法,0.618 法),以大致了解 fminbnd 命令的工作原理。

(3)一条 1m 宽的通道与另一条 2m 宽的通道相交成直角,一个梯子需要水平绕过拐角,试问梯子的最大长度是多少?

实验 6　陈酒出售的最佳时机问题

一、问题

某酒厂有批新酿的好酒，如果现在就出售，可得总收入 $R_0=50$ 万元，如果窖藏起来待来日(第 n 年)按陈酒价格出售，第 n 年末可得总收入为 $R=R_0e^{\frac{1}{6}\sqrt{n}}$(万元)。而银行利率为 $r=0.05$。试分析这批好酒窖藏多少年后出售可使总收入的现值最大。

二、实验目的

用计算机测算不同方案的优劣，对简单问题选择较好的方案，对综合问题选取最优方案。

三、预备知识

一元微积分知识，反函数概念，求一元函数极值的方法。

四、实验内容与要求

第一种方案：如果现在出售这批好酒，可得本金 50 万元。由于银行利润率为 $r=0.05$，按照复利计算公式，第 n 年连本带利资金积累为

$$B(n)=50\,(1+0.05)^n$$

第二种方案：如果窖藏起来，待第 n 年出售，原来的 50 万元到第 n 年时增值为

$$R(n)=50e^{\frac{1}{6}\sqrt{n}}$$

(1) 利用上述两个不同的公式分别计算出 16 年内采用两种方案，50 万元增值的数目。将计算所得数据分别填入表 6.1 或表 6.2 中。

表 6.1　第一种方案

第 1 年	第 2 年	第 3 年	第 4 年	第 5 年	第 6 年	第 7 年	第 8 年
第 9 年	第 10 年	第 11 年	第 12 年	第 13 年	第 14 年	第 15 年	第 16 年

比较表 6.1 和表 6.2 中的数据，考虑如下问题：

1) 如果酒厂希望在 2 年后投资扩建酒厂，应选择哪一种方案使这批好酒所具有的价值发

挥最大作用？

2）如果酒厂希望在6年后将资金用做其他投资，应该选用哪一种方案？

表 6.2　第二种方案

第1年	第2年	第3年	第4年	第5年	第6年	第7年	第8年
第9年	第10年	第11年	第12年	第13年	第14年	第15年	第16年

（2）假设现在酒厂有一笔现金，数额为 X（万元），将其存入银行，到第 n 年时增值为 $R(n)$（万元）。根据复利公式，可得 $R(n)=X(1+0.05)^n$，则称 X 为 $R(n)$ 的现值。故 $X(n)$ 的现值计算公式为

$$X(n)=\frac{R(n)}{(1+0.05)^n}$$

将 $R(n)=50e^{\frac{1}{6}\sqrt{n}}$ 代入上式，可得酒厂将这批好酒窖藏起来作为陈酒在第 n 年后出售所得总收入的现值为

$$X(n)=\frac{50e^{\frac{1}{6}\sqrt{n}}}{(1+0.05)^n}$$

利用这一公式，计算出16年内陈酒出售后总收入 $R(n)$ 的现值数据填入表6.3。

表 6.3　陈酒出售后的现值

第1年	第2年	第3年	第4年	第5年	第6年	第7年	第8年
第9年	第10年	第11年	第12年	第13年	第14年	第15年	第16年

根据表6.3中的数据考虑问题：

1）如果酒厂打算将这批好酒出售所得收入用于8年后的另外投资，应该选择哪一年作为出售陈酒的最佳时期？

2）如果综合考虑银行利率，将出售陈酒后所得的总收入再存入银行，使得8年后资金增加值最大，又应该做何选择？

（3）考虑银行利率按连续复利公式计算：$R(t)=X(t)e^{0.05t}$（或 $X(t)=R(t)e^{-0.05t}$）；而酒厂将这批好酒窖藏到第 t 年，作为陈酒出售总收入为：$R(t)=50e^{\frac{1}{6}\sqrt{t}}$。结合这两个计算公式，将 t 年后陈酒出售总收入的现值 X 视为时间 t 的函数。试写出函数 $X(t)$ 的表达式，并利用求一元函数极大值的方法求出酒厂将这批好酒作为陈酒出售的最佳时机。

五、思考题

若银行利率 $r=0.04$，试重新考虑两种方案的优劣。若银行利率在10年期间两次降息，第一次是在第5年降至 $r=0.045$，第二次是在第10年降至 $r=0.04$。请考虑陈酒在第1年一次性售出后所得总收入在这10年期间每年的现值。

实验7 作物育种方案的预测问题

一、问题

假定一个植物园要培育一片作物，它由三种可能基因型 AA，Aa 和 aa 的某种分布组成，植物园的管理者要求采用的育种方案是：子代总体中的每种作物总是用基因型 AA 的作物来授粉，子代的基因型的分布如表 7.1 所示。问：在任何一个子代总体中可能基因型的分布表达式如何表示？

表 7.1 子代基因型的分布

		亲代的基因型					
		AA－AA	AA－Aa	AA－aa	Aa－Aa	Aa－aa	aa－aa
子代的基因型	AA	1	1/2	0	1/4	0	0
	Aa	0	1/2	1	1/2	1/2	0
	aa	0	0	0	1/4	1/2	1

二、实验目的

通过本实验进一步巩固“代数学”中关于矩阵特征值、特征向量及矩阵对角化的知识，培养学生把实际问题转化为数学问题求解的能力。

三、预备知识

(1)特征值、特征向量的知识；

(2)特征值、特征向量的解法；

(3)生物遗传规律。

若亲代的基因型为 AA，Aa 及 aa(其中 A 为显性基因，a 为隐性基因)，而产生子代时，都用 AA 型亲代去配对，则子代的基因型就有如下分布：

AA 与 AA 配对，子代中只有 AA 型；

AA 与 Aa 配对，子代中有 AA 和 Aa 两种基因型，且出现的概率都为 1/2；

AA 与 aa 配对，子代中只有 Aa 型。

(4)在实际计算中，我们采用数值计算方法，这类方法很多，如幂法和雅可比法等，Matlab软件提供了现成的软件包，可供使用。

四、实验内容与要求

(1)建立第 n 代基因型的分布表达式。

本实验是利用遗传规律及所给的表，写出第 n 代和第 $n-1$ 代基因关系，然后通过矩阵知识，找到第 n 代基因型与初始基因型的直接关系，最后由初始基因型求第 n 代基因型分布表达式。

不妨令 a_n, b_n, c_n 分别表示第 n 代中AA，Aa，aa基因作物所占的分数；a_0, b_0, c_0 表示对应基因型的初始分布，则有

$$\begin{cases} a_n = a_{n-1} + \frac{1}{2}b_{n-1} \\ b_n = c_{n-1} + \frac{1}{2}b_{n-1} \\ c_n = 0 \end{cases} \quad (n=1,2,\cdots)$$

由上面递推公式可以求出 a_n, b_n, c_n 和 a_0, b_0, c_0 的关系。

(2)利用矩阵的特征值、特征向量的知识。

(3)编写 Matlab 程序来实现。

五、思考题

假设一片作物由AA，Aa及aa的基因型的某种分布组成，且作物总体中每种作物不是全部都用基因型AA授粉，而且用每种作物自身的基因型来授粉。求任何一个后代总体中三种可能基因型的分布表达式。

实验 8 交通流量问题

一、问题

图 8.1 给出了某城市部分单行街道的交通流量(每小时过车数)。

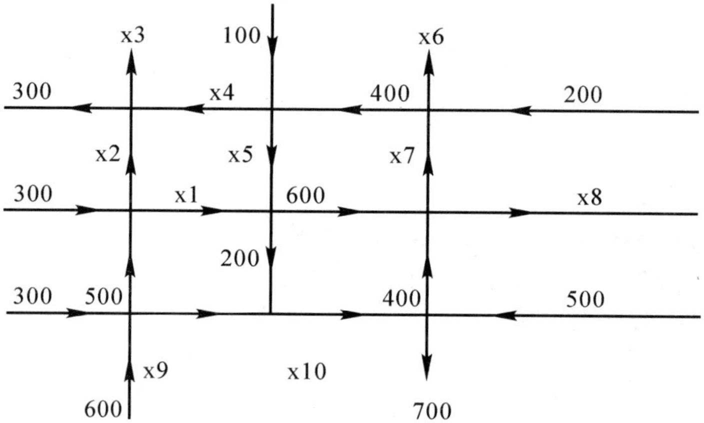

图 8.1 街道的交通流量

假设:

①全部流入网络的流量等于全部流出网络的流量。

②全部流入一个节点的流量等于全部流出此节点的流量。

二、实验目的

学会应用线性代数中的方程组的有关知识,建立交通流量问题的数学模型,并用数学软件求其问题的全部解。

三、预备知识

线性代数中线性代数方程组的解法。

四、实验内容与要求

(1)由已知条件及假设建立 10 元的线性方程组。

(2)用 Matlab 软件求其通解。

五、思考题

试将此问题推广到电路分析中的网络节点流量问题。

实验9　生日问题

一、问题

在100个人的团体中，如果不考虑年龄的差异，研究是否有两个以上的人生日相同。假设没人的生日在一年365天中的任意一天是等可能的，那么随机找n个人(不超过365人)。先求这n个人生日各不相同的概率是多少，再求这n个人中至少有两人生日相同这一随机事件的概率是多少。

二、实验目的

用计算机求解概率计算问题。用多项式拟合方法确定概率的近似计算公式，了解随机现象的计算机模拟技术。

三、预备知识

概率论基础，古典概率计算公式，多项式拟合算法。

四、实验内容与要求

(1) 求出n个人中至少两人生日相同的概率$P(n)$的计算公式。

(2) 根据$P(n)$的计算公式，用计算机分别计算出当团体人数取$n=1,2,\cdots,100$时的概率值$P(1),P(2),P(3),\cdots,P(100)$。在Matlab环境下用指令plot(p)绘制图形，描述概率值随团体人数的变化规律。

(3) 特殊概率值的计算。在有30个学生的班上，至少有两个学生生日相同的概率是多少？在50个人的团体中，至少有两人生日在同一天的概率又是多少？在70个人的团体中，情况又如何？

(4) 用5次多项式拟合方法寻找一个近似计算概率的公式。

在Matlab环境下输入下列指令：

```
n=1:100;c5=polyfit(n,p,5);   % 求5次多项式拟合的多项式系数
```

这里，"c5"是一个有6个元素的向量，它表示5次多项式

$$P_5(x)=c_1x^5+c_2x^4+c_3x^3+c_4x^2+c_5x+c_6$$

按降幂排列时的多项式系数。

观察计算机屏幕显示并作记录。

在 Matlab 环境下继续输入如下指令：

```
p5 = polyval(c5,n);              % 用多项式近似计算 100 个概率值
plot(n,p,n,p5,'.')               % 画出拟合多项式的图像与概率曲线作比较
```

用 5 次多项式 $P_5(x)=c_1x^5+c_2x^4+c_3x^3+c_4x^2+c_5x+c_6$，近似计算在 30 名学生的一个班中至少有两人生日相同的概率是多少？在 50 人的一个团体中至少有两人生日相同的概率是多少？

(5) 考虑团体总人数对概率值的影响。在某团体中，要保证"至少有两人生日相同"的概率大于 99%，这个团体的总人数应该至少为多少(可以利用上面已算出的 100 个概率值，作出判断)？

(6) 计算机仿真(数值模拟)。随机产生 30 个正整数，介于 1～365 之间(用这 30 个正整数代表一个学生班的 30 个同学的生日)，然后统计数据，观察是否有两人以上的人生日相同。当 30 个人中有两人生日相同时，计算机输出为"1"，否则输出为"0"。如此重复 100 次，计算出这一事件发生的频率 f_{100} 为多少？参考下面 Matlab 源程序做计算机模拟。要求模拟三次以上，并记录下每次模拟计算的频率值。Matlab 源程序如下：

```
n=0;
for  m=1:100                          %做 100 次随机试验
y=0;x=1+fix(365*rand(1,30));          %产生 30 个随机数
     for  i=1:29
          for  j=i+1:30
     if  x(i)==x(j),y=1;break,end%用二重循环寻找 30 个随机数中是否有相同数
          end
     end
n=n+y;                                %累计有两人生日相同的试验次数
end
f=n/m                                 %计算频率
```

五、思考题

在某一个时期，某城市的汽车号码由 6 个符号组成，第一个符号是英文字母，后 5 个符号是阿拉伯数字。在这段时期中，这一城市的交通管理局最多能为多少辆汽车编号？有一位交通警察在路口执勤，他在执勤期间观察到 200 辆本市车辆中，有最后 5 位阿拉伯数字相同的汽车可能性是多大？

第三篇　数学建模实验

实验 10　简单的数学模型

在现实世界中有很多问题，它的机理较简单，用静态、线性或逻辑的方法即可建立模型，使用初等的数学方法即可求解，我们称之为初等数学模型。本章主要介绍一些初等数学建模的例子，这些问题的巧妙的分析处理方法，可使读者达到举一反三、开拓思路的目的，并提高分析、解决实际问题的能力。

一、常见初等数学模型

1. 鸽笼原理

鸽笼原理又称为抽屉原理，把 N 个苹果放入 $n(n<N)$ 个抽屉里，则必有一个抽屉中至少有 2 个苹果。

问题 1　如果有 N 个人，其中每个人至多认识这群人中的 $n(n<N)$ 个人(不包括自己)，则至少有两个人所认识的人数相等。

分析：按认识人的个数，将 N 个人分为 $0,1,2\cdots,n$ 类，其中 $k(0\leqslant k\leqslant n)$ 类表示认识 k 个人，这样形成 $n+1$ 个“鸽笼”。若 $n<N-1$，则 N 个人分成不超过 $N-1$ 类，必有两人属于一类，也即有两个人所认识的人数相等；若 $n=N-1$，此时注意到 0 类和 N 类必有一个为空集，所以不空的“鸽笼”至多为 $N-1$ 个，也有结论成立。

问题 2　在一个边长为 1 的正三角形内最多能找到几个点，而使这些点彼此间的距离大于 0.5。

分析：在边长为 1 的正三角形 $\triangle ABC$ 上，分别以 A,B,C 为中心，以 0.5 为半径画圆弧，将三角形分为四个部分(见图 10.1)，则四部分中任一部分内两点间的距离都小于 0.5，由“鸽笼”原理知道，在三角形内最多能找四个点，使彼此间距离大于 0.5，且确实可找到如 A,B,C 及三角形中心 O 四个点。

问题 3　能否在 8×8 的方格表 $ABCD$ 的各个空格中，分别填写 1,2,3 这三个数中的任一个，使得每行、每列及对角线 AC,BD 的各个数的和都不相同？为什么？

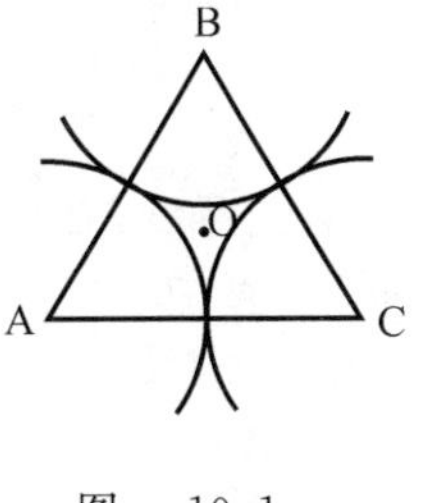

图　10.1

分析：若从考虑填法的种类入手，情况太复杂；这里我们注意到，方格表中行、列及对角线的总数为 18 个；而用 1,2,3 填入表格，每行、列及对角线都是 8 个数，8 个数的和最小为 8，最大为 24，共有 $24-8+1=17$ 种；利用“鸽笼”原理，18 个“鸽”放入 17 个“鸽笼”，必有两个在一个“鸽笼”，也即必有两个和相同。所以题目中的要求无法实现。

2. 方桌问题

在日常生活中，到处都会遇到数学问题，就看我们是否留心观察和善于联想了。就拿放平桌子来说吧，由于地面凹凸不平，桌子难于一次放稳(四脚同时着地)，因此有人提出如下问题：四条腿长度相等的桌子放在不平的地面上，四条腿能否同时着地？

分析：问题的目标是“放稳”。“放稳”可以用各脚离地面的高度这一数量指标来表达。于是，引入各脚离地面的高度的数学记号。

假设：

1) 方桌是规则的；

2) 地面是连续曲面；

3) “放稳”仅指四脚同时着地；

4) 桌腿足够长。

符号设计及模型建立如下：

依次记 A,B,C,D 离地面的高度为 f_A, f_B, f_C, f_D。

如图 10.2 所示，考虑方桌从 BD 位置转到 $B'D'$ 位置，记转过的角度为 θ，则四脚离地面的高度均可由 θ 唯一确定。于是，这四个高度均是 θ 的函数，且当方桌被置放在连续地面上，而这四个高度是具有连续性的实数，故可以证明：这四个函数均是 θ 的连续函数且它们均非负。记为

$$f_A(\theta), f_B(\theta), f_C(\theta), f_D(\theta)$$

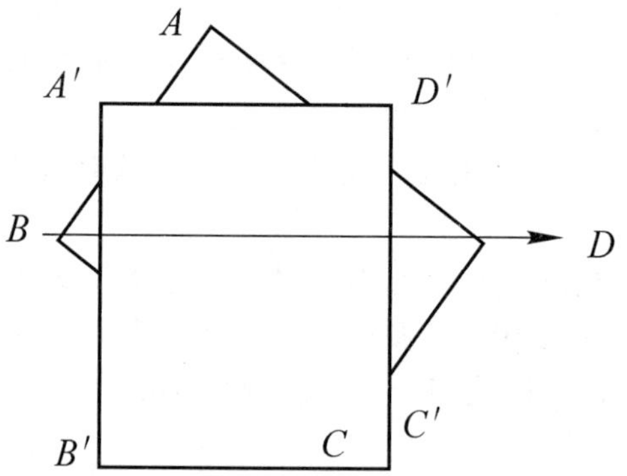

图 10.2

注意到，在任何情况下，总有三只脚能同时着地，且这三只脚中总有两只脚处在对角位置上，于是记

$$f(\theta) = f_B(\theta) + f_D(\theta)$$
$$g(\theta) = f_A(\theta) + f_C(\theta)$$

则对 $\forall \theta$ 有

$$f(\theta) g(\theta) = 0$$

由上式可得出，方桌能放稳即可表达为存在一个方位：

$$\theta=\xi$$

使

$$f(\xi)=g(\xi)=0$$

方桌问题的数学模型：

已知：$f(\theta)$ 及 $g(\theta)$ 非负连续且对 $\forall\theta$ 有 $f(\theta)g(\theta)=0$，求证：存在 ξ，使

$$f(\xi)=g(\xi)=0$$

模型求解：

证明：为确定起见，不妨假设 $g(0)=0$。

1) 若 $f(0)=0$，取 $\xi=0$ 即得证；

2) 若 $f(0)>0$，构造函数 $h(\theta)=f(\theta)-g(\theta)$。

由 $f(\theta)$ 和 $g(\theta)$ 的连续性知 $h(\theta)$ 是连续函数且

$$h(0)=f(0)-g(0)=f(0)>0 \tag{10.1}$$

将方桌逆时针旋转$\frac{\pi}{2}$，这时有

$$f(\frac{\pi}{2})=g(0)=0 \quad 及 \quad g(\frac{\pi}{2})=f(0)>0$$

于是

$$h(\frac{\pi}{2})=f(\frac{\pi}{2})-g(\frac{\pi}{2})=g(0)-f(0)=-f(0)<0 \tag{10.2}$$

综合式(10.1)和式(10.2)，可见 $h(\theta)$ 在$[0,\frac{\pi}{2}]$满足零点定理的全部条件，于是，存在 $\xi\in(0,\frac{\pi}{2})$，使 $h(\xi)=f(\xi)-g(\xi)=0$，即

$$f(\xi)=g(\xi) \quad 且 \quad f(\xi)g(\xi)=0$$

故必存在 $\xi\in[0,\frac{\pi}{2}]$ 使 $f(\xi)=g(\xi)=0$，即方桌可以放稳。

3. 人、狗、鸡、米过河问题

人、狗、鸡、米均要过河，船上除 1 人划船外，最多还能运载一物，而人不在场时，狗要吃鸡，鸡要吃米，问：人、狗、鸡、米应如何过河？

分析：假设人、狗、鸡、米要从河的南岸到河的北岸，由题意可知，在过河的过程中，两岸的状态要满足一定条件，所以该问题为有条件的状态转移问题。

(1) 允许状态集合。

用(w,x,y,z)，w,x,y,z=0 或 1，表示南岸的状态，例如(1,1,1,1)表示它们都在南岸，(0,1,1,0)表示狗、鸡在南岸，人、米在北岸；很显然有些状态是允许的，有些状态是不允许的，用穷举法可列出全部 10 个允许状态向量如下：

(1,1,1,1)　(1,1,1,0)　(1,1,0,1)　(1,0,1,1)　(1,0,1,0)

(0,0,0,0)　(0,0,0,1)　(0,0,1,0)　(0,1,0,0)　(0,1,0,1)

将上述 10 个可取状态向量组成的集合记为 S,称 S 为允许状态集合。

(2) 状态转移方程。

对于一次过河,可以看成一次状态转移,用向量来表示决策,例如(1,0,0,1) 表示人、米过河。令 D 为允许决策集合,表述为

$$D=\{(1,x,y,z):\quad x+y+z=0 \text{ 或 } 1\}$$

另外,我们注意到过河有两种,奇数次的为从南岸到北岸,而偶数次的为北岸回到南岸,因此得到下述转移方程,

$$S_{k+1}=S_k+(-1)^k d_k \tag{10.3}$$

式中,$S_k=(w_k,x_k,y_k,z_k)$ 表示第 k 次状态,$d_k\in D$ 为决策向量。

人、狗、鸡、米过河问题,即要找到 $d_1,d_2,\cdots,d_{m-1}\in D, S_0,S_1,\cdots,S_m\in S$

$$S_0=(0,0,0,0),\quad S_m=(1,1,1,1)$$

且满足式(10.3)。

下面用状态转移图求解:

将 10 个允许状态用 10 个点表示,并且仅当某个允许状态经过一个允许决策仍为允许状态,则这两个允许状态间存在连线,而构成一个图,如图 10.3 所示,在其中寻找一条从(1,1,1,1) 到(0,0,0,0) 的路径,这样的路径就是一个解,可得路径图如图 10.4 所示。

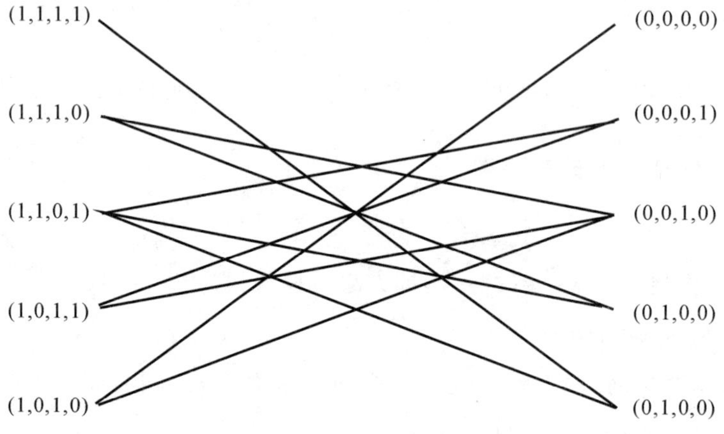

图　10.3

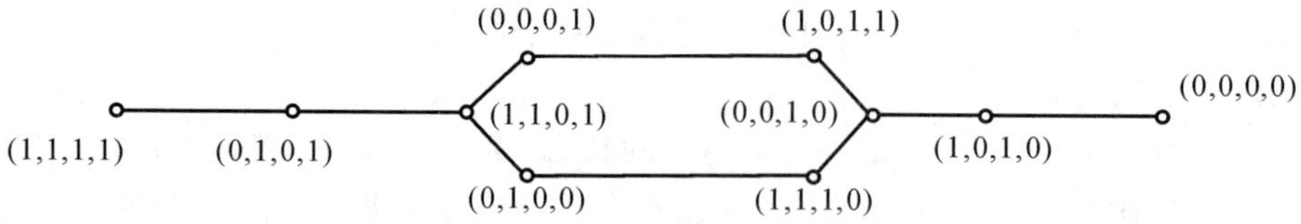

图　10.4

由图 10.4 可知，有两个解都是经过 7 次运算完成的，均为最优解。

4. 商人过河问题

三名商人各带一个随从乘船渡河，现有一只小船只能容纳两个人，由他们自己划行，若在河的任一岸的随从人数多于商人，他们就可能抢劫财物。但如何乘船渡河由商人决定，试给出一个商人安全渡河的方案。

首先介绍图论中的一个定理：

G 是一个图，$V(G)$ 为 G 的顶点集，$E(G)$ 为 G 的边集。设 G 中有 n 个顶点 $v_1, v_2, \cdots, v_n$；

$\mathbf{A}=(a_{ij})_{n\times n}$ 为 G 的邻接矩阵，其中

$$a_{ij}=\begin{cases}1 & ,v_iv_j\in E(G)\\ 0 & ,v_iv_j\notin E(G)\end{cases}\quad i,j=1,2,\cdots,n$$

定理 1　设 $\mathbf{A}(G)$ 为图 G 的邻接矩阵，则 G 中从顶点 v_i 到顶点 v_j，长度为 k 的道路的条数为 A^k 中的 i 行 j 列元素。

证明　对 k 用数学归纳法。

当 $k=1$ 时，显然结论成立；假设 k 时，定理成立，下面考虑 $k+1$ 的情形。

记 $\mathbf{A}^l$ 的 i 行 j 列元素为 $a_{ij}^{(l)} l\geqslant 2$，因为 $\mathbf{A}^l\cdot\mathbf{A}=\mathbf{A}^{l+1}$，所以

$$a_{ij}^{(l+1)}=a_{i1}^{l}a_{1j}+a_{i2}^{l}a_{2j}+\cdots+a_{in}^{l}a_{nj} \tag{10.4}$$

而从 v_i 到 v_j 长为 $k+1$ 的道路无非是从 v_i 经 k 步到某顶点 $v_l(1\leqslant l\leqslant n)$，再从 v_l 走一步到 v_j；由归纳假设从 v_i 到 v_l 长为 k 的道路共计 a_{il}^{k} 条，而从 v_l 到 v_j 长为 1 的道路为 a_{lj} 条，所以长为 $k+1$ 的从 v_i 经 k 步到 v_l，再一步到 v_j 的道路共有 $a_{il}^{(k)}a_{lj}$ 条，故从 v_i 经 $k+1$ 步到 v_j 的路径共有 $a_{ij}^{(k+1)}=\sum\limits_{l=1}^{n}a_{il}^{(k)}a_{lj}$ 条。

下面进行分析及求解：

假设渡河是从南岸到北岸，(m,n) 表示南岸有 m 个商人，n 个随从，全部的允许状态共有 10 个：

$v_1=(3,3)$　$v_2=(3,2)$　$v_3=(3,1)$　$v_4=(3,0)$　$v_5=(2,2)$　$v_6=(1,1)$

$v_7=(0,3)$　$v_8=(0,2)$　$v_9=(0,1)$　$v_{10}=(0,0)$

以 $V=\{v_1,v_2,\cdots,v_{10}\}$ 为顶点集，考虑到奇数次渡河及偶数次渡河的不同，建立两个邻接矩阵如下：

$$\mathbf{A}=\begin{bmatrix}\mathbf{A}_1 & \mathbf{A}_2\\ 0 & \mathbf{A}_3\end{bmatrix},\qquad \mathbf{B}=\mathbf{A}^{\mathrm{T}}$$

其中

$$\mathbf{A}_1=\begin{bmatrix}0&1&1&0&1\\0&0&1&1&1\\0&0&0&1&0\\0&0&0&0&0\\0&0&0&0&0\end{bmatrix},\mathbf{A}_2=\begin{bmatrix}0&0&0&0&0\\0&0&0&0&0\\1&0&0&0&0\\0&0&0&0&0\\1&0&1&0&0\end{bmatrix},\mathbf{A}_3=\begin{bmatrix}0&0&0&1&1\\0&0&1&1&0\\0&0&0&1&1\\0&0&0&0&1\\0&0&0&0&0\end{bmatrix}$$

其中 $\boldsymbol{A}$ 表示从南岸到北岸渡河的图的邻接矩阵，$\boldsymbol{B}=\boldsymbol{A}^{\mathrm{T}}$ 表示从北岸到南岸渡河的图的邻接矩阵。

由定理 1 可知，应考虑最小的 k，使得 $(\boldsymbol{AB})^k\boldsymbol{A}$ 中 1 行 10 列的元素不为 0，此时 $2k+1$ 即为最少的渡河次数，而矩阵 $(\boldsymbol{AB})^k\boldsymbol{A}$ 中 1 行 10 列的元素为最佳的路径数目。

经过计算当 $k=5$ 时，$(\boldsymbol{AB})^5\boldsymbol{A}$ 的第 1 行 10 列元素为 2，所以需 11 次渡河，有两条最佳路径。

最后用图解法求解：

前面已求出问题的 10 种允许状态，允许决策向量集合 $D=\{(u,v):u+v=1,2\}$，状态转移方程为 $S_{k+1}=S_k+(-1)^k d_k$，如图 10.5 所示，标出 10 种允许状态，找出从 s_1 经由允许状态到原点的路径，该路径还要满足奇数次向左，向下；偶数次向右，向上。

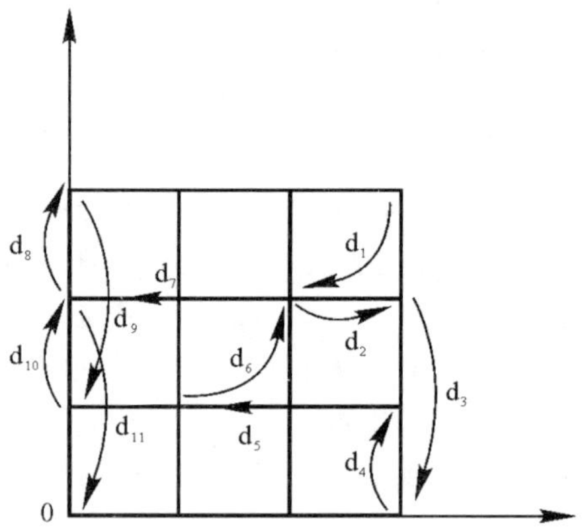

图 10.5

由图 10.5 可得这样的过河策略，共分 11 次决策：

$(3,3)\xrightarrow{\text{去一商一随}}(2,2)\xrightarrow{\text{回一商}}(3,2)\xrightarrow{\text{去二随}}(3,0)\xrightarrow{\text{回一随}}(3,1)\xrightarrow{\text{去二商}}(1,1)$
$\xrightarrow{\text{回一商一随}}(2,2)\xrightarrow{\text{去二商}}(0,2)\xrightarrow{\text{回一随}}(0,3)\xrightarrow{\text{去二随}}(0,1)\xrightarrow{\text{回一随}}(0,2)\xrightarrow{\text{去二随}}(0,0)$

5. π 的计算

圆周率是人类获得的最古老的数学概念之一，早在大约 3 700 年前（即公元前 1700 年左右）的古埃及人就已经在用 256/81（约 3.160 5）作为 π 的近似值了。几千年来，人们一直没有停止过求 π 的努力。

(1) 古典方法。

用什么方法来计算 π 的近似值呢？显然，不可能仅根据圆周率的定义，用圆的周长去除以直径。起先，人们采用的都是用圆内接正多边形和圆外切正多边形来逼近计算的古典方法，如图 10.6 所示。

阿基米德曾用圆内接 96 边形和圆外切 96 边形夹逼的方法证明了下式：

$$\frac{223}{71}<\pi<\frac{22}{7}$$

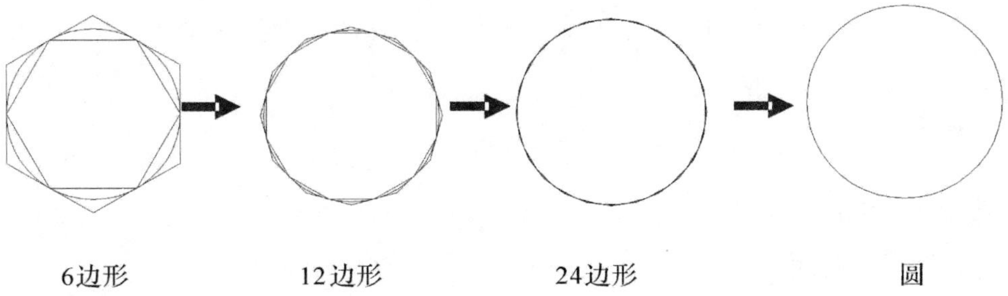

图　10.6

公元 5 世纪，祖冲之指出：

$$3.1415926 < \pi < 3.1415927$$

15 世纪中叶，阿尔·卡西给出 π 的 16 位小数，打破了祖冲之的纪录。

1579 年，韦达证明：

$$3.1415926535 < \pi < 3.1415926537$$

1630 年，最后一位用古典方法求 π 的人 —— 格林伯格 —— 也只求到了 π 的第 39 位小数。

(2) 分析方法。

从 17 世纪中叶起，人们开始用更先进的分析方法来求 π 的近似值，其中应用的主要工具是收敛的无穷乘积和无穷级数，在本节中将介绍一些用此类方法求 π 近似值的实例。

1)1656 年，沃里斯(Wallis) 证明：

$$\pi = 2\times\left(\frac{2}{1}\times\frac{2}{3}\right)\times\left(\frac{4}{3}\times\frac{4}{5}\right)\times\left(\frac{6}{5}\times\frac{6}{7}\right)\times\cdots = 2\times\prod_{k=1}^{\infty}\left(\frac{2k}{2k-1}\times\frac{2k}{2k+1}\right)$$

取 $k=10$，有

$$\pi \approx 2\times\left(\frac{2}{1}\times\frac{2}{3}\right)\times\left(\frac{4}{3}\times\frac{4}{5}\right)\times\cdots\times\left(\frac{20}{19}\times\frac{20}{21}\right) = 3.067702$$

取 $k=20$，有

$$\pi \approx 2\times\left(\frac{2}{1}\times\frac{2}{3}\right)\times\left(\frac{4}{3}\times\frac{4}{5}\right)\times\cdots\times\left(\frac{40}{39}\times\frac{40}{41}\right) = 3.103516$$

2) 在微积分中我们学过泰勒级数，其中有

$$\arctan x = x - \frac{x^3}{3} + \frac{x^5}{5} - \cdots = \sum_{k=0}^{\infty}(-1)^k\frac{x^{2k+1}}{2k+1} \qquad x \in (-\infty, +\infty)$$

当 $x=1$ 时，有

$$\frac{\pi}{4} = 1 - \frac{1}{3} + \frac{1}{5} - \cdots = \sum_{k=0}^{\infty}(-1)^k\frac{1}{2k+1}$$

取 $k=10$，有

$$\pi \approx 4\times\left(1-\frac{1}{3}+\frac{1}{5}-\cdots-\frac{1}{19}+\frac{1}{21}\right)=3.232\,316$$

取 $k=20$，有

$$\pi \approx 4\times\left(1-\frac{1}{3}+\frac{1}{5}-\cdots-\frac{1}{39}+\frac{1}{41}\right)=3.189\,184$$

3）麦琴（Machin）给出：

$$\frac{\pi}{4}=4\arctan\frac{1}{5}-\arctan\frac{1}{239}\qquad\text{（Machin 公式）}$$

记 $\alpha=\arctan\dfrac{1}{5}$，$\beta=4\alpha-\dfrac{\pi}{4}$ 得 $\tan\beta=\dfrac{1}{239}$。

该式求得了 π 的第 100 位小数且全部正确。

（3）其他方法。

除了用古典方法与分析方法求 π 的近似值以外，还有人用其他方法来求 π 的近似值。下面将介绍两种方法：概率论法和数值积分法。

1）概率论法。

取一个二维数组 (x,y)，再取一个充分大的正整数 n，重复 n 次，每次独立地从 $(0,1)$ 中随机地取一对数 x 和 y，分别检验 $x^2+y^2\leqslant 1$ 是否成立。设 n 次试验中等式成立的共有 m 次，令 $\pi\approx 4m/n$（但这种方法很难得到 π 的较好的近似值）。

2）数值积分法。

利用数值积分 $A=4\int_0^1\dfrac{1}{1+x^2}\mathrm{d}x=\pi$。

设 $y(x)=\dfrac{1}{1+x^2}$，将区间 $[0,1]$ 进行 n 等分，取 $x_k=\dfrac{k}{n}$，$y_k=\dfrac{1}{(1+x_k^2)}$。

梯形法 ⇒

$$A=\frac{2}{n}[2(y_1+y_2+\cdots+y_{n-1})+y_0+y_n]$$

Simpson 法 ⇒

$$\frac{1}{3m}[(y_0+y_{2m})+2(y_2+y_4+\cdots+y_{2m-2})+4(y_1+y_3+\cdots+y_{2m-1})]$$

6.“奇偶校验”方法

所谓“奇偶校验”，即是如果两个数都是奇数或偶数，则称这两个数具有相同的奇偶性；若一个数是奇数，另一个数是偶数，则称具有相反的奇偶性。在组合问题中，经常使用“奇偶校验”考虑配对问题。

问题 1（棋盘问题） 假设你有一张普通的国际象棋盘，一组对角上的两个方格被切掉，这样棋盘上只剩下 62 个方格（见图 10.7）。若你还有 31 块骨牌，每块骨牌的大小为 1×2 方格。试说明用互不重叠的骨牌完全覆盖住这张残缺的棋盘是不可能的。

分析：关键是对如图 10.7 所示的棋盘进行黑白着色，使得相邻的两个方格有不同的颜色；用一块骨牌覆盖两个方格，必是盖住颜色不同的方格。我们计算一下黑白着色棋盘的黑格、白格的个数，分别为 30 和 32；因此不同能用 31 块骨牌盖住这张残缺的棋盘。用奇偶校验法，可以把黑色方格看成奇数方格，白色方格看成偶数方格；因为奇偶个数不同，所以不能进行奇偶配对，故题中要求的做法是不可能实现的。

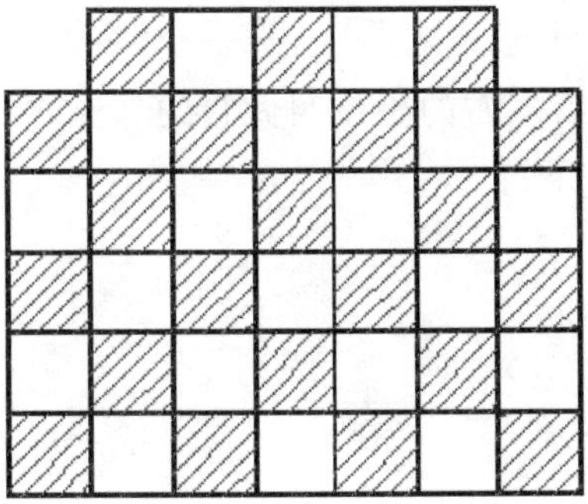

图　10.7

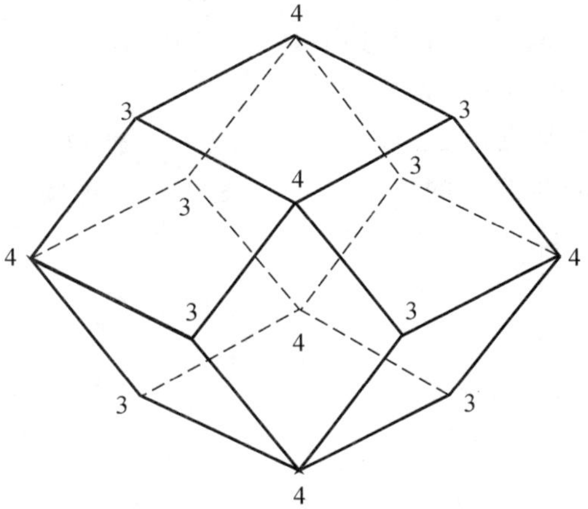

图　10.8

问题 2(菱形十二面体上的 H 路径问题)　沿一个菱形十二面体各棱行走，要寻找一条这样的路径：它通过各顶点恰好一次，该问题被称为 Hamilton 路径问题。

分析　注意到，菱形十二面体每个顶点的度或者为 3 或者为 4，所谓顶点的度是指通过这一顶点的棱数，如图 10.8 所示，且每 3 度顶点刚好与 1 个 4 度顶点相连，而每个 4 度顶点刚好与 4 个 3 度顶点相连。因此一个 Hamilton 路径必是 3 度与 4 度顶点交错，故若存在 Hamilton 路径，则 3 度顶点个数与 4 度顶点个数要么相等，要么相差 1。用奇偶校验法可知 3 度顶点为奇数顶点，4 度顶点为偶数顶点，奇偶配对，最多只能余 k 个。而事实上菱形十二面体中，有 3 度顶点 8 个，4 度顶点 $s=\frac{\pi d^2}{4}$ 个。可得结论，菱形十二面体中不存在 Hamilton 路径.

二、实验任务

(1) 在一个边长为 1 的正三角形内，若要彼此间距离大于 $\frac{1}{n}$，最多能找到几个点？

(2) 为了证明方桌适当移动后可以放稳，用“两相对角离地面的高度之和”构造出两个函数，达到了证明目的。必须这样做吗？请试用其他形式构造函数，以达到同样的目的。

(3) 关于长方形桌，请试给出能否放稳的结论。

(4) 在商人过河中若有 4 名商人，各带一随从能否过河？

(5) 夫妻过河问题:有 3 对夫妻过河,船最多能载 2 人,条件是任一女子不能在其丈夫不在的情况下与其他男子在一起,如何安排 3 对夫妻过河? 若船最多能载 3 人,5 对夫妻能否过河?

(6) 用数值积分计算π,分别用梯形法和 Simpson 法精确到 10 位数字,用 Simpson 法精确到 15 位数字.

(7) 设一所监狱有 64 间囚室,其排列类似 8×8 棋盘,看守长告诉关押在一个角落里的囚犯,只要他能够不重复地通过每间囚室到达对角的囚室(所有相邻囚室间都有门相通),他将获释,问囚犯能否获得自由?

(8) 某班有 49 个学生,坐成 7 行 7 列,每个座位的前后左右的坐位叫做它的邻座,要让 49 个学生都换到他的邻座上去,问是否有这种调换位置的方案?

实验 11　代数模型

代数模型是数学模型中最常见、也是最基本的一类模型，在大多情况下，代数模型是和其他模型综合起来应用的。

本书中，把代数模型作为独立的一章，并通过具体例子 —— 遗传的数学模型 —— 的讲解，目的在于让学生掌握利用基本的代数方法解决实际问题和转化实际问题为数学问题的基本技能和方法。

为了揭示生命的奥秘，遗传学的研究已引起人们的广泛兴趣。动物在产生下一代的过程中，总是将自己的特性传给下一代，从而完成“生命的延续”。

在常染色体遗传中，后代从亲代的基因对中各继承一个基因，形成自己的基因对。人类眼睛颜色即是通过染色体控制的，其特征由两个基因 A 和 a 控制。基因对是 AA 或 Aa 的人，眼睛为棕色，基因对是 aa 的人，眼睛为蓝色。由于 AA 及 Aa 都表示了同一外部特性，或认为基因 A 支配 a，也可以认为基因 a 对基因 A 是隐性的。

下面选取一个常染色体遗传 —— 植物后代问题 —— 进行讨论。

某植物园中植物的基因型为 AA，Aa 和 aa。人们计划用 AA 型植物与每种基因型植物相结合的方案培育植物后代，经过若干年后，这种植物后代的三种基因型分布将出现什么情形？

我们假设 $a_n, b_n, c_n (n=0,1,2,\cdots)$ 分别表示第 n 代植物中，基因型为 AA，Aa 和 aa 的植物占植物总数的百分率。令 $\boldsymbol{x}^{(n)}=(a_n, b_n, c_n)^{\mathrm{T}}$ 为第 n 代植物的基因分布，$\boldsymbol{x}^{(0)}=(a_0, b_0, c_0)^{\mathrm{T}}$ 表示植物基因型的初始分布，显然有

$$a_0+b_0+c_0=1 \tag{11.1}$$

先考虑第 n 代中的 AA 型，第 $n-1$ 代的 AA 型与 AA 型相结合，后代全部都是 AA 型；第 $n-1$ 代的 AA 型与 Aa 型相结合，后代是 AA 型的概率为 $\frac{1}{2}$，$n-1$ 代的 aa 型与 AA 型相结合，后代中不会有 AA 型出现。因此有

$$a_n=1a_{n-1}+\frac{1}{2}b_{n-1}+0c_{n-1} \tag{11.2}$$

同理，有

$$b_n=\frac{1}{2}b_{n-1}+c_{n-1} \tag{11.3}$$

$$c_n=0 \tag{11.4}$$

将式(11.2)、式(11.3)、式(11.4) 相加，得

$$a_n+b_n+c_n=a_{n-1}+b_{n-1}+c_{n-1} \tag{11.5}$$

将式(11.5) 递推，并利用式(11.1)，易得

$$a_n + b_n + c_n = 1$$

利用矩阵乘法则式(11.2)、式(11.3)和式(11.5)可以表示为

$$\boldsymbol{x}^{(n)} = \boldsymbol{M}\boldsymbol{x}^{(n-1)}, \quad n = 1,2,\cdots \tag{11.6}$$

其中

$$\boldsymbol{M} = \begin{bmatrix} 1 & \frac{1}{2} & 0 \\ 0 & \frac{1}{2} & 1 \\ 0 & 0 & 0 \end{bmatrix}$$

这样,式(11.6)递推得到

$$\boldsymbol{x}^{(n)} = \boldsymbol{M}\boldsymbol{x}^{(n-1)} = \boldsymbol{M}^2\boldsymbol{x}^{(n-2)} = \cdots = \boldsymbol{M}^n\boldsymbol{x}^{(0)} \tag{11.7}$$

式(11.7)即为第 n 代基因分布与初始分布的关系。下面计算 $\boldsymbol{M}^n$。

对矩阵 $\boldsymbol{M}$ 作相似变换,可以找到非奇异矩阵 $\boldsymbol{P}$ 和对角矩阵 $\boldsymbol{D}$,使

$$\boldsymbol{M} = \boldsymbol{P}\boldsymbol{D}\boldsymbol{P}^{-1}$$

其中

$$\boldsymbol{D} = \begin{bmatrix} 1 & 0 & 0 \\ 0 & \frac{1}{2} & 0 \\ 0 & 0 & 0 \end{bmatrix}, \quad \boldsymbol{P} = \boldsymbol{P}^{-1} = \begin{bmatrix} 1 & 1 & 1 \\ 0 & -1 & -2 \\ 0 & 0 & 1 \end{bmatrix}$$

这样,经式(11.7)得到

$$\boldsymbol{x}^{(n)} = (\boldsymbol{P}\boldsymbol{D}\boldsymbol{P}^{-1})^n\boldsymbol{x}^{(0)} = \boldsymbol{P}\boldsymbol{D}^n\boldsymbol{P}^{-1}\boldsymbol{x}^{(0)} =$$

$$\begin{bmatrix} 1 & 1 & 1 \\ 0 & -1 & -2 \\ 0 & 0 & 1 \end{bmatrix} \begin{bmatrix} 1 & 0 & 0 \\ 0 & (\frac{1}{2})^n & 0 \\ 0 & 0 & 0 \end{bmatrix} \begin{bmatrix} 1 & 1 & 1 \\ 0 & -1 & -2 \\ 0 & 0 & 1 \end{bmatrix} \begin{bmatrix} a_0 \\ b_0 \\ c_0 \end{bmatrix} =$$

$$\begin{bmatrix} a_0 + b_0 + c_0 - \frac{1}{2^n}b_0 - \frac{1}{2^{n-1}}c_0 \\ \frac{1}{2^n}b_0 + \frac{1}{2^{n-1}}c_0 \\ 0 \end{bmatrix}$$

最终有

$$\begin{cases} a_n = 1 - \frac{1}{2^n}b_0 - \frac{1}{2^{n-1}}c_0 \\ b_n = \frac{1}{2^n}b_0 + \frac{1}{2^{n-1}}c_0 \\ c_n = 0 \end{cases}$$

显然,当 $n \to +\infty$ 时,由上述三式得到

$$a_n \to 1, \quad b_n \to 0, \quad c_n \to 0$$

即在足够长的时间后,培育出来的植物基本上呈现 AA 型。

实验 12　微分方程模型

在数学建模中，合理运用微积分知识，建立起符合事物特点的数学模型，是一种非常重要的思想。例如，在研究某些实际问题的时候，经常无法直接得到各变量之间的联系，但是可以通过分析问题的特性得到关于变化率的一些关系。利用这些关系就可以建立相应的微分方程模型。在自然界及工程技术领域中，微分方程模型是大量存在的，它甚至可以渗透到人口问题以及商业预测领域中去，其影响是广泛的。

一、微分方程建模概述

1. 概念

微分方程是表示未知函数及其导数与自变量之间的关系等式，是某一事物在任意位置、任一时刻都必须满足的表达式。它所含的导数都是实际问题中各式各样的变化率。如切线斜率 $k=\frac{\mathrm{d}y}{\mathrm{d}x}$，角速度 $\omega=\frac{\mathrm{d}\theta}{\mathrm{d}t}$，商品价格 P 的变化率 $\frac{\mathrm{d}P}{\mathrm{d}t}$ 等，它的主要依据是力学、物理、数学、化学等学科中已通过实践或实验检验的规律和定律。例如牛顿冷却定律、物体运动定律等。

2. 微分方程建模应注意的方面和主要步骤

在实际的微分方程建模过程中，必须注意以下几个方面的问题：

1）微分方程作为模型的实际问题中必须出现像"变化"、"改变"、"增加"、"减少" 等问题，这可能与导数有关，根据问题特征考虑是用已知的定理还是用定义导出微分方程。

2）问题往往还给出某一特定时刻或特定位置等信息，据此可拟出定解条件，借以确定解中所含的常量，如积分常数、比例系数等。这些条件与方程一起组成一个定解问题。

3）在得到方程解以后，还应对解作分析，看结果是否与观察问题所得结果相符，在建立微分方程模型的过程中是从简易的角度考虑，往往略去了一些问题有关的次要因素，因此所得模型是近似的，如不符，应该修改数学模型。

一般来说，应用微分方程建模过程可以分为以下 4 个步骤：

1）根据实际问题建立相应数学模型 —— 微分方程(组)。

2）求解与分析这一数学模型，其中包括分析解的特征。

3）利用所得结果、解的形式和数值进行定性分析，解释实际问题，从而预测某些自然现象，甚至社会现象中的特定性质。

4）必要时修改模型，并对问题作进一步探讨。

二、微分方程建模案例分析

1. 人口预测模型

由于资源的有限性，当今世界各国都注意有计划地控制人口的增长，为了得到人口预测模型，必须首先搞清影响人口增长的因素，而影响人口增长的因素很多，如人口的自然出生率、人口的自然死亡率、人口的迁移、自然灾害、战争等诸多因素。如果一开始就把所有因素都考虑进去，则无从下手。因此，先把问题简化，建立比较粗糙的模型，再逐步修改，得到较完善的模型.

【例 1】 Malthus（马尔萨斯）模型。

英国人口统计学家马尔萨斯（1766—1834 年）在担任牧师期间，查看了教堂 100 多年人口出生统计资料，发现人口出生率是一个常数，于是 1789 年他在《人口原理》一书中提出了闻名于世的马尔萨斯人口模型，其基本假设是：在人口自然增长过程中，净相对增长（出生率与死亡率之差）是常数，即单位时间内人口的增长量与人口成正比，比例系数设为 r，在此假设下，推导并求解人口随时间变化的数学模型。

解 设时刻 t 的人口为 $N(t)$，把 $N(t)$ 当做连续、可微函数处理（因人口总数很大，可近似地这样处理，此乃离散变量连续化处理），据马尔萨斯的假设，在 t 到 $t+\Delta t$ 时间段内，人口的增长量为

$$N(t+\Delta t)-N(t)=rN(t)\Delta t \tag{12.1}$$

并设 $t=t_0$ 时刻的人口为 N_0，于是有

$$\left.\begin{aligned}\frac{\mathrm{d}N}{\mathrm{d}t}&=rN\\ N(t_0)&=N_0\end{aligned}\right\} \tag{12.2}$$

式(12.2) 就是马尔萨斯人口模型，用分离变量法易求出其解为

$$N(t)=N_0\mathrm{e}^{r(t-t_0)} \tag{12.3}$$

式(12.3) 表明人口以指数规律随时间无限增长。

下面对式(12.3) 表述的模型进行检验：据估计 1961 年地球上的人口总数为 3.06×10^9 人，而在以后 7 年中，人口总数以每年 2% 的速度增长，这样 $t_0=1961$，$N_0=3.06\times10^9$，$r=0.02$，于是 $N(t)=3.06\times10^9\mathrm{e}^{0.02(t-1961)}$。

这个公式非常准确地反映了在 1700—1961 年间世界人口总数。因为，这期间地球上的人口大约每 35 年翻一番，而上式断定 34.6 年增加一倍（请读者证明这一点）。

但是，后来人们以美国人口为例，用马尔萨斯模型计算结果与人口资料比较，却发现有很大的差异，尤其是在用此模型预测较遥远的未来地球人口总数时，发现更令人不可思议的问题，如按此模型计算，到 2670 年，地球上将有36 000 亿人。如果地球表面全是陆地（事实上，地球表面还有 80% 被水覆盖），我们也只得互相踩着肩膀站成两层了，这是非常荒谬的。因此，这一模型应该修改。

【例 2】 Logistic(洛杰斯蒂克)模型。

要对马尔萨斯模型进行修改,应该进一步考虑哪些因素呢?人们发现在人口比较稀少,资源较丰富的条件下,人口增长较快,可以在短期内维持常数增长率;但当人口数量发展到一定水平后,会产生许多新问题,如食物短缺、交通拥挤等,这又将导致人口增长率的减少,这种现象其实也存在于其他自然界种群发展过程。故可以假设人口增长率随人口数量增加而减少,减少量和人口数量成正比,而且人口数量具有上限,在此假设下,推导并求解人口随时间变化的数学模型。

解　修改的假设:人口自然增长率(不受其他外界环境条件影响前提下)为 r,人口上限为 k,实际增长率受自然增长率和人口上限比值的影响,在 t 到 $t+\Delta t$ 时间段内,人口的增长量为

$$N(t+\Delta t)-N(t)=rN(t)\left[1-\frac{N(t)}{k}\right]\Delta t \tag{12.4}$$

于是

$$\left.\begin{aligned}&\frac{\mathrm{d}N}{\mathrm{d}t}=rN\left(1-\frac{N}{k}\right)\\&N(t_0)=N_0\end{aligned}\right\} \tag{12.5}$$

式(12.5)就是洛杰斯蒂克人口模型,求出其解为

$$N(t)=\frac{k}{1+\left(\frac{k}{N_0}-1\right)\mathrm{e}^{-(t-t_0)r}} \tag{12.6}$$

从解的表达式(12.6)可以看出:

1) $\lim\limits_{t\to\infty}N(t)=k$,其人口学含义为:无论开始时人口处于什么状态,时间无限增加时人口总是趋于人口上限。

2) 当 $N(t)>k$ 时,$\frac{\mathrm{d}N(t)}{\mathrm{d}t}<0$;当 $N(t)<k$ 时,$\frac{\mathrm{d}N(t)}{\mathrm{d}t}>0$,其人口学含义为:当人口数量超过人口上限时,人口将减少;当人口数量小于人口上限时,人口将增加。

进一步分析人口总数 $N(t)$ 及人口增长率$\frac{\mathrm{d}N(t)}{\mathrm{d}t}$与时间 t 的关系,可以知道:不管 $N_0>k$ 还是 $N_0<k$,总有$\lim\limits_{t\to\infty}N(t)=k$;而且人口增长率最大值在 $N(t)=\frac{k}{2}$ 处。

实践表明:作为短期预测,马尔萨斯模型和洛杰斯蒂克模型不相上下,但是作为中长期预测,洛杰斯蒂克模型比马尔萨斯模型要合理一些,然而洛杰斯蒂克模型的缺陷是模型中多了一个参数 k,而对它的估计至今没有什么好办法。

此外,上述两个模型没有考虑不同个体之间的差异,即不同年龄、性别、体质的人在死亡率、出生率方面都存在差异,完全忽略这些显然是不合理的。因此在适当考虑不同个体的差异情况下,可以重新建立更为精确的离散模型,限于篇幅,不在这里赘述。

2.市场价格预测模型

对于纯粹的市场经济来说,商品的市场价格取决于市场供需之间的关系,市场价格能促使商品的供给与需求相等(这样的价格称为(静态)均衡价格)。也就是说,如果不考虑商品价格形成的动态过程,那么商品的市场价格应能保证市场的供需平衡;但是,实际的市场价格不会恰好等于均衡价格,而且价格也不会是静态的,应是随时间不断变化的动态过程。试建立描述市场价格形成的动态过程的数学模型。

假设在某一时刻 t,商品的价格为 $p(t)$,它与该商品的均衡价格间有差别,此时,存在供需差,此供需差促使价格变动。对新的价格,又有新的供需差,如此不断调节,就构成市场价格形成的动态过程,假设价格 $p(t)$ 的变化率 $\frac{\mathrm{d}p}{\mathrm{d}t}$ 与需求和供给之差成正比,并记 $f(p,r)$ 为需求函数,$g(p)$ 为供给函数(r 为参数),于是有

$$\left.\begin{aligned}&\frac{\mathrm{d}p}{\mathrm{d}t}=\alpha[f(p,r)-g(p)]\\&p(0)=p_0\end{aligned}\right\} \tag{12.7}$$

其中 p_0 为商品在 $t=0$ 时刻的价格,α 为正常数。

若设 $f(p,r)=-ap+b,g(p)=cp+d$,则上式变为

$$\left.\begin{aligned}&\frac{\mathrm{d}p}{\mathrm{d}t}=-\alpha(a+c)p+\alpha(b-d)\\&p(0)=p_0\end{aligned}\right\} \tag{12.8}$$

其中 a,b,c,d 均为正常数,其解为

$$p(t)=\left(p_0-\frac{b-d}{a+c}\right)\mathrm{e}^{-\alpha(a+c)t}+\frac{b-d}{a+c} \tag{12.9}$$

下面对所得结果进行讨论:

1) 设 $\bar{p}$ 为静态均衡价格,则其应满足

$$f(\bar{p},r)-g(\bar{p})=0 \tag{12.10}$$

即

$$-a\bar{p}+b=c\bar{p}+d \tag{12.11}$$

于是,得 $\bar{p}=\frac{b-d}{a+c}$,从而价格函数 $p(t)$ 可写为

$$p(t)=(p_0-\bar{p})\mathrm{e}^{-\alpha(a+c)t}+\bar{p} \tag{12.12}$$

令 $t\to+\infty$,取极限得

$$\lim_{t\to+\infty}p(t)=\bar{p} \tag{12.13}$$

这说明市场价格逐步趋于均衡价格。又若初始价格 $p_0=\bar{p}$,则动态价格就维持在均衡价格 $\bar{p}$ 上,整个动态过程就化为静态过程。

2) 由于 $\frac{\mathrm{d}p}{\mathrm{d}t}=(\bar{p}-p_0)\alpha(a+c)\mathrm{e}^{-\alpha(a+c)t}$,所以当 $p_0>\bar{p}$ 时,$\frac{\mathrm{d}p}{\mathrm{d}t}<0$,$p(t)$ 单调下降向 $\bar{p}$ 靠拢;当 $p_0<\bar{p}$ 时,$\frac{\mathrm{d}p}{\mathrm{d}t}>0$,$p(t)$ 单调增加向 $\bar{p}$ 靠拢。这说明初始价格高于均衡价格时,动态价格就

要逐步降低，且逐步靠近均衡价格；否则，动态价格就要逐步升高。因此，模型在一定程度上反映了价格影响需求与供给，而需求与供给反过来又影响价格的动态过程，并指出了动态价格逐步向均衡价格靠拢的变化趋势。

3. 湖水污染问题

甲河是流入乙湖的唯一河流。50 年前 P 公司在此河旁建起一个生产设施并投入运行。P 将未处理的废水排入河中，导致乙湖被污染。P 公司声称：已排放的废水的标准多年从未改变且不会对湖的环境有影响。

现已知：乙湖的容量为 $V=10^{15}\mathrm{L}$，流入（流出）的水流速度为 $\mu=1.9\times10^{14}\mathrm{L}/$年，自然净化速率为 $c=k\rho\ \mathrm{mol/(L\cdot a)}$，$k=0.1095\mathrm{a}^{-1}$。P 公司声称河水污染浓度仅为 $\rho_0=0.001\mathrm{mol/L}$，自工厂开办以来没有改变过。

讨论下列问题：

1）建立数学模型，用 P 提供的公开数据判断湖的环境是否会恶化。

2）以目前湖水污染浓度 0.03mol/L 和河水污染浓度 0.05mol/L 为新数据判断湖的环境是否会恶化。

3）求出工厂在停产条件下，湖水自然净化所需的年限。

解　假设 ρ 为湖水污染浓度（mol/L），t 为从 P 建厂到考察时刻的时间段。另外假设：降水量和蒸发量相等；湖水流入量和流出量相等且一直未变；污水量远小于河水注入量，且污水与河水混合均匀；湖水混合均匀，且流入污水的扩散速度无限大；湖内除甲河外，无其他污染源。

1）根据 P 的申明和所提供数据，可认为河水污染浓度恒为 $\rho_0=0.001\mathrm{mol/L}$。从存在自然净化和不存在自然净化两各方面考虑：

① 不考虑自然净化的情况：

由于假设湖中流入量和流出量相等，而在经过与湖水均匀混合后，流出湖水污染浓度明显减小，故流出污染物的量小于流入污染物的量，污染物将在湖中沉积，从而使湖水污染浓度增加，当其增加至与输入的河水污染浓度相等时，湖水污染浓度达到最大，并稳定在这一数值，不再增加。建立湖水污染浓度随时间变化的微分方程模型如下：

设在极短时间 $\mathrm{d}t$ 内，湖水污染浓度增加 $\mathrm{d}\rho$，在将湖水被污染这一连续动态过程简化为离散的瞬间静止状态之后，根据湖水剩余量 = 输入量 − 输出量，可列微分方程如下：

$$\frac{\rho_0\times\mu\times\mathrm{d}t+\rho\times V}{V+\mu\times\mathrm{d}t}=\rho+\mathrm{d}\rho \tag{12.14}$$

化简可得

$$\frac{\mathrm{d}\rho}{\mathrm{d}t}=\frac{\mu}{V}\times(\rho_0-\rho) \tag{12.15}$$

代入数据：$V=10^{15}\mathrm{L}$，$\mu=1.9\times10^{14}\mathrm{L/a}$ 和 $\rho_0=0.001\mathrm{mol/L}$，可得到 ρ 和 t 的关系式如下：

$$\rho=0.001\times\mathrm{e}^{-0.19\times t}\times(\mathrm{e}^{0.19\times t}-1)$$

分析可知：$\lim\limits_{t\to\infty}\rho=0.001\mathrm{mol/L}$，所以湖水环境不会恶化。

建立计算机模拟模型：湖水污染浓度的变化是由湖中污染物随时间的累积而引起的，这个逐步累积的过程可以用计算机进行仿真模拟，其实质为完成一个循环累加的过程，并可改变时间步长，如一年一年的累积，一月一月的累积，一天一天的累积，从而使模拟值逐步精确，可与微分方程求得的精确解比较，分析误差。模拟所得的数据如表 12.1 所示。

表 12.1

年　份 /a	1	3	5	8	10
$\rho/(10^{-4}\,\mathrm{mol\cdot L^{-1}})$	1.73	4.35	6.14	7.82	8.51
年　份 /a	15	20	30	40	50
$\rho/(10^{-4}\,\mathrm{mol\cdot L^{-1}})$	9.43	9.78	9.97	9.995	9.999

根据模拟数据所作的湖水污染浓度变化趋势图如图 12.1 所示。

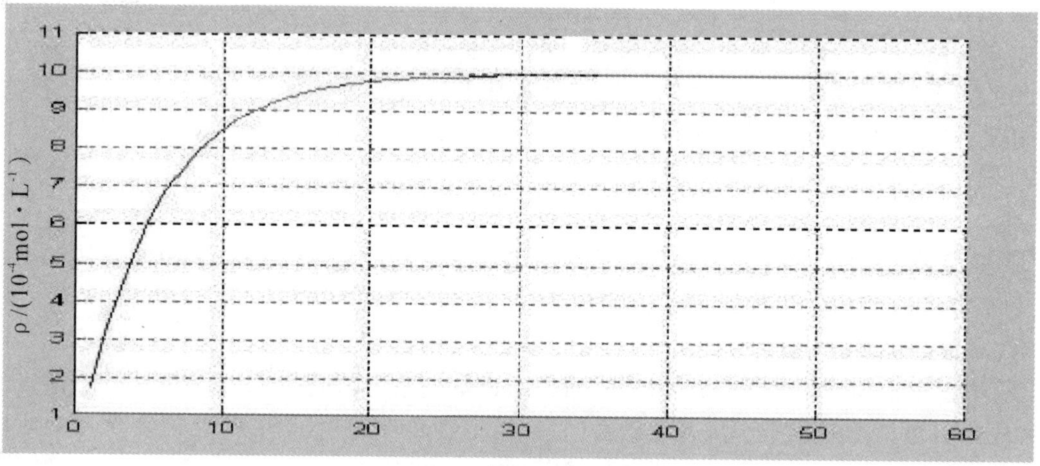

图　12.1

② 考虑自然净化的情况：

在 ① 的基础上可以建立更为全面的微分方程：

$$\frac{\mathrm{d}\rho}{\mathrm{d}t}=\frac{\mu}{V}\times(\rho_0-\rho)-c \tag{12.16}$$

求得此方程的解为

$$\rho=\frac{\rho_0\mu}{\mu+kV}-\frac{(\rho_0\mu^2+\rho_0\mu kV)\mathrm{e}^{-(k+\frac{\mu}{V})t}}{(\mu+kV)^2} \tag{12.17}$$

当时间 $t \to \infty$ 时，$\rho = \dfrac{\rho_0 \mu}{\mu + kV}$，即湖水污染浓度趋近于一个和 k 有关的值。

当 $\rho_0 = 0.001\text{mol/L}$ 时，若要 ρ 稳定于 0.001mol/L，则 k 值为 0。而根据实际情况，k 为大于 0 的常数，故 ρ 稳定于一个小于 0.001mol/L 的值。这说明，在 P 声称的条件下，湖水污染浓度不会超过 0.001mol/L，即湖水环境不会恶化。建立计算机模拟模型，模拟所得的数据如表 12.2 所示。

表　12.2

年　份/a	1	3	5	8	10
$\rho/(10^{-4}\text{mol}\cdot\text{L}^{-1})$	1.587	3.437	4.315	4.878	4.984
年　份/a	15	20	30	40	50
$\rho/(10^{-4}\text{mol}\cdot\text{L}^{-1})$	5.087	5.103	5.106	5.106	5.106

根据模拟数据所作的湖水污染浓度变化趋势图如图 12.2 所示。

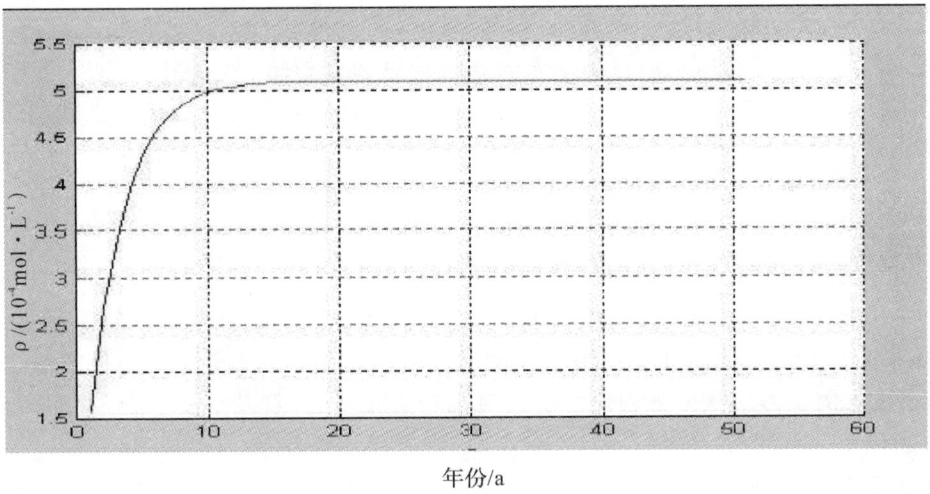

图　12.2

2）与1）中②相同，只是 $\rho_0 = 0.05\text{ mol/L}$，沿用1）中②的微分方程模型可以得到如下结果：

当时间 $t \to \infty$ 时，$\rho = \dfrac{\rho_0 \mu}{\mu + kV}$，即湖水污染浓度趋近于一个和 k 有关的值。

当 $\rho_0 = 0.05\text{mol/L}$ 时，若要 ρ 稳定于 0.001mol/L，则 k 值为 9.31a^{-1}。也就是说，只有在 $k \geqslant 9.31\text{a}^{-1}$ 时，湖水环境才不会恶化，最终稳定于小于或等于 0.001mol/L 的某一水平。根据已知的 $k = 0.109\ 5\text{a}^{-1}$，可以计算湖水最终污染浓度为 0.031 7mol/L，超过净化指标

0.001mol/L，即在此条件下，湖水环境将恶化。

3）在工厂全停产的条件下，河水污染浓度为 0mol/L，湖水污染浓度将会在自然净化的作用下由初值 0.03mol/L 逐年降低。其微分方程模型为 $\rho = 0.03 \times \mathrm{e}^{-\left(k+\frac{\mu}{V}\right)t}$，湖水自然净化至 0.001mol/L 需要的时间为 $t=11.36\mathrm{a}$。

本例讨论了湖水污染浓度变化趋势的预测问题。通过分析水流输入、输出湖泊的过程，建立了湖水污染浓度随时间变化的含参变量的微分方程模型，在河水污染浓度恒定和自然净化速率呈线性关系的情况下，求得其精确解。带入具体数据得到如下结论：在 P 公司声称的河水污染浓度下，湖的环境不会恶化；在工作人员实地测得的河水浓度下，湖的环境将会恶化。在 P 公司全停产时，通过前面的两个模型可以计算湖水污染浓度在自然净化影响下的恢复到净化指标所需的年限。

但是，这个问题给出的条件均是经过一定程度简化的，如自然净化速率，我们设置为跟污染浓度成正比，这个跟实际有一定差别，在模型进一步改进中，可以建立自然净化速率和污染浓度之间更为贴切的非线性关系（比如指数关系等），进而得到更为准确的结论。

微分方程是一个应用范围很广的数学模型，通过对以上例子的综合分析，可以看出，无论是解决物理问题、社会问题，还是经济问题，都可以很巧妙地结合微分方程将问题进行合理的抽象，结合符合实际的假设，从而得出令人满意的计算和分析结果。这种解决问题的方法，虽然有其局限性，比如解决方案单一，结果可能存在较大的误差等，但从总体上来说，它在处理变化问题时能够很合理地给出抽象结果，具有较广泛的应用前景，值得进一步探讨，从而使其成为建模中的一种重要的处理手段。

三、实验内容

(1) 用 Matlab 软件掌握求解微分方程数值解的方法，并对结果作初步分析。两个常用的数值方法：Euler 方法，Runge-Kutta 方法。能够针对特定例子选择合适的数值方法。

(2) 通过实例学习用微分方程模型解决简化的实际问题，掌握重要步骤，并能结合特定例子进行适当调整。

实验任务如下：

1）单摆运动，摆长 $l=25\mathrm{m}$，$\theta(t)$ 为单摆与竖轴夹角，初始位置为 θ_0，$\left.\frac{\mathrm{d}\theta}{\mathrm{d}t}\right|_{t=0}=0$。

① 当 θ_0 较小时，求解析解，并用数值方法验证。

② 当 θ_0 较大时，无解析解，如何求数值解？

2）食饵-捕食者模型，食饵甲数量为 $x(t)$，捕食者乙数量为 $y(t)$。甲独立生存增长率为 $r=1$，乙使甲的增长率减小，减小量与 y 成正比，系数 $a=0.1$；乙独立存在死亡率为 $d=0.5$，甲使乙的死亡率减小，减小量与 x 成正比，系数 $b=0.02$，给定初始状态 $x(0)=20$，$y(0)=4$。

① 无解析解，用数值方法分析 x，y 的发展趋势。

② 进一步讨论模型的改进。

实验 13　传染病模型

随着卫生设施的改善、医疗水平的提高以及人类文明的不断发展，诸如霍乱、天花等曾经肆虐全球的传染性疾病已经得到有效的控制。但是一些新的、不断变异的传染病却悄悄向人们袭来。20世纪80年代艾滋病以及2003年春来历不明的SARS病毒突袭，都给人们的生命财产带来极大的危害。长期以来，建立传染病的数学模型来描述传染病的传染过程，分析受感染人数的变化规律，探索制止传染病蔓延的手段等，一直是各国有关专家和官员关注的课题。

不同类型的传染病的传染过程有各自不同的特点，弄清这些特点需要相当多的病理知识，这里不可能从医学的角度一一分析各种传染病的传播，而只是按照一般的传染机理建立几种模型。

模型 1　在这个最简单的模型中，设时刻 t 的病人人数 $x(t)$ 是连续、可微的函数，并且每天每个病人有效接触（足以使人致病的接触）的人数为常数 λ，考虑 t 到 $t+\Delta t$ 时刻病人的增加，就有

$$x(t+\Delta t)-x(t)=\lambda x(t)\Delta t$$

再设 $t=0$ 时刻有 x_0 个病人，即得微分方程

$$\frac{\mathrm{d}x}{\mathrm{d}t}=\lambda x\ ,x(0)=x_0 \tag{13.1}$$

方程式(13.1)的解为

$$x(t)=x_0\mathrm{e}^{\lambda t} \tag{13.2}$$

结果表明，随着 t 的增加，病人人数 $x(t)$ 将无限增长，这显然不符合实际。

该建模失败的原因在于：在病人有效接触的人群中，有健康人也有病人，而其中只有健康人才可能被传染为病人，所以改进模型时必须区分这两类人。

模型 2(SI 模型)　假设条件如下：

1) 在疾病传染期内所考察地区的总人数 N 不改变，既不考虑生死，也不考虑迁移。人群分为易感染者(Susceptible)和已感染者(Infective)两类（取这两个词的第一个字母，称之为SI模型），以下简称健康者和病人。时刻 t 这两类人在总人数中所占比例分别记为 $s(t)$ 和 $i(t)$。

2) 每个病人每天有效接触的平均人数是常数 λ，并称之为日接触率。当病人与健康者有效接触时，使健康者受感染变为病人。

根据假设，每个病人每天可以使 $\lambda s(t)$ 个健康者变为病人，因为病人人数为 $Ni(t)$，所以每天共有 $\lambda Ns(t)i(t)$ 个健康者被感染，于是 λNsi 就是病人 Ni 的增加率，即有

$$N\frac{\mathrm{d}i}{\mathrm{d}t}=\lambda Nsi \tag{13.3}$$

又因为

$$s(t)+i(t)=1 \tag{13.4}$$

再记初始时刻 $t=0$ 时病人的比例为 i_0，则

$$\frac{\mathrm{d}i}{\mathrm{d}t}=\lambda i(1-i),\quad i(0)=i_0 \tag{13.5}$$

方程式(13.5)是一个标准的 Logistic 模型。它的解为

$$i(t)=\frac{1}{1+(\frac{1}{i_0}-1)\mathrm{e}^{-\lambda t}} \tag{13.6}$$

$i(t)-t$ 和 $\frac{\mathrm{d}i}{\mathrm{d}t}-i$ 的图形如图 13.1 和图 13.2 所示。

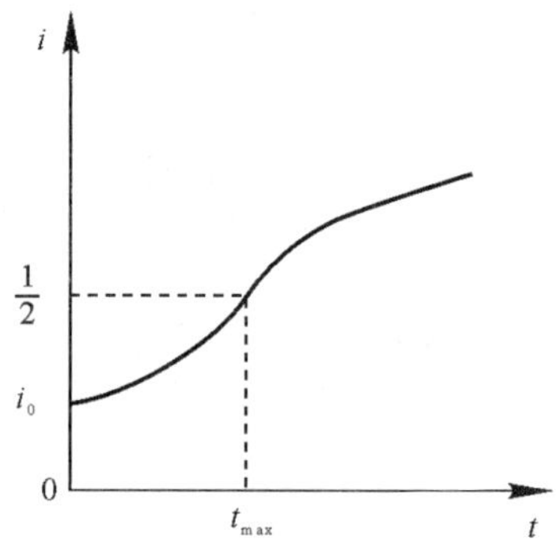

图 13.1　SI 模型的 $i(t)-t$ 曲线

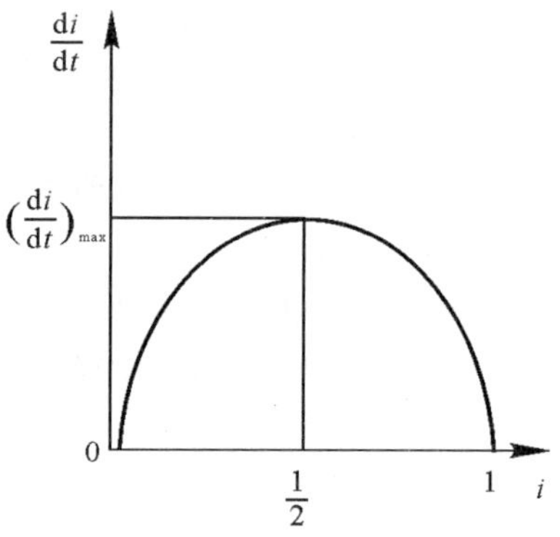

图 13.2　SI 模型的 $\frac{\mathrm{d}i}{\mathrm{d}t}-i$ 曲线

由式(13.5)和式(13.6)及图 13.2 可知，第一，当 $i=\frac{1}{2}$ 时，$\frac{\mathrm{d}i}{\mathrm{d}t}$ 达到最大值 $\left(\frac{\mathrm{d}i}{\mathrm{d}t}\right)_{\max}$，这个时刻为

$$t_{\max}=\lambda^{-1}\ln\left(\frac{1}{i_0}-1\right) \tag{13.7}$$

这时病人增长最快，可以认为是医院门诊量最大的一天，预示着传染病高潮的到来，是医疗卫生部门关注的时刻。$t_{\max}$ 与 λ 成反比，因为日接触率 λ 表示该地区的卫生水平，λ 越小卫生水平越高。所以改善保健设施、提高卫生水平可以推迟传染病高潮的到来。第二，当 $t\to\infty$ 时，$i\to 1$，即所有人被传染，全变为病人，这显然不符合实际情况。其原因是模型中没有考虑到病人可以治愈，只考虑人群中的健康者只能变成病人，病人不会再变成健康者。

为了修正上述结果必须重新考虑模型的假设，在下列两个模型中，我们讨论病人可以治愈的情况。

模型 3(SIS 模型)　有些传染病如伤风、痢疾等愈后免疫力很低，可以假定无免疫性，于是病人治愈后变成健康者，健康者还可以被感染再变成病人，所以这个模型称为 SIS 模型。

SIS 模型的假设条件 1)，2) 与 SI 模型相同，增加的条件如下：

3）每天被治愈的病人人数占病人总人数的比例为常数 μ，称为日治愈率。病人治愈后成为仍可以被感染的健康者。显然 $\frac{1}{\mu}$ 是这种传染病的平均传染期。

不难看出，考虑到假设条件 3)，SI 模型应修正为

$$N\frac{\mathrm{d}i}{\mathrm{d}t}=\lambda Nsi-\mu Ni \tag{13.8}$$

式(13.4) 不变，式(13.5) 变形为

$$\frac{\mathrm{d}i}{\mathrm{d}t}=\lambda i(1-i)-\mu i,\quad i(0)=i_0 \tag{13.9}$$

一般情况下，我们不去求方程式(13.9) 的解(虽然它的解可以解析地表示出)，而是通过图形分析 $i(t)$ 的变化规律。定义

$$\sigma=\lambda/\mu \tag{13.10}$$

注意到 λ 和 $1/\mu$ 的含义，可知 σ 是整个传染期内每个病人有效接触的平均人数，称为接触数。

利用 σ，方程式(13.9) 可以改写为

$$\frac{\mathrm{d}i}{\mathrm{d}t}=-\lambda i[i-(1-\frac{1}{\sigma})] \tag{13.11}$$

由方程式(13.11) 容易画出 $\frac{\mathrm{d}i}{\mathrm{d}t}-i$ 的图形(见图 13.3，图 13.5)，再画出 $i-t$ 的图形(见图 13.4，图 13.6)。

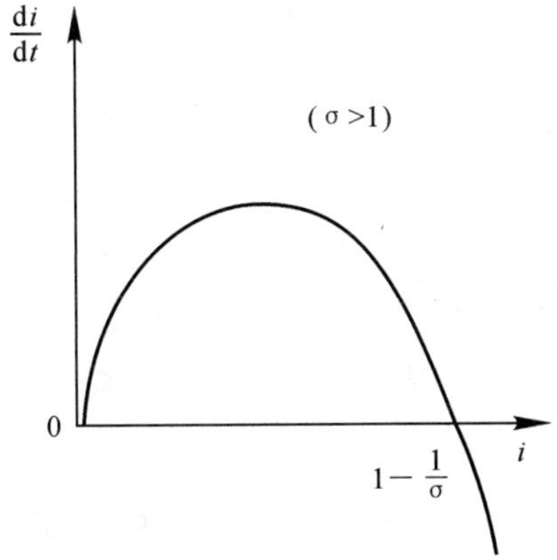

图 13.3　SIS 模型的 $\frac{\mathrm{d}i}{\mathrm{d}t}-i$ 曲线($\sigma>1$)

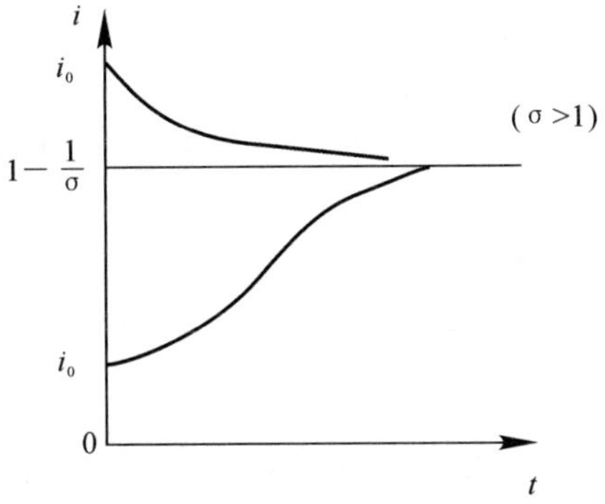

图 13.4　SIS 模型的 $i-t$ 曲线($\sigma>1$)

其中虚线是 $i_0 1-\frac{1}{\sigma}$ 的情况

不难看出，接触数 $\sigma=1$ 是一个阈值，当 $\sigma>1$ 时，$i(t)$ 的增减性取决于 i_0 的大小(见图 13.4)，但其极限值 $i(\infty)=1-\frac{1}{\sigma}$ 随 σ 增加而增加(从 σ 的含义给出解释)；当 $\sigma\leqslant 1$ 时病人的比例 $i(t)$ 越来越小，最终趋于零，这是由于传染期内经有效接触从而使健康者变成病人数不超

过原来病人数的缘故。

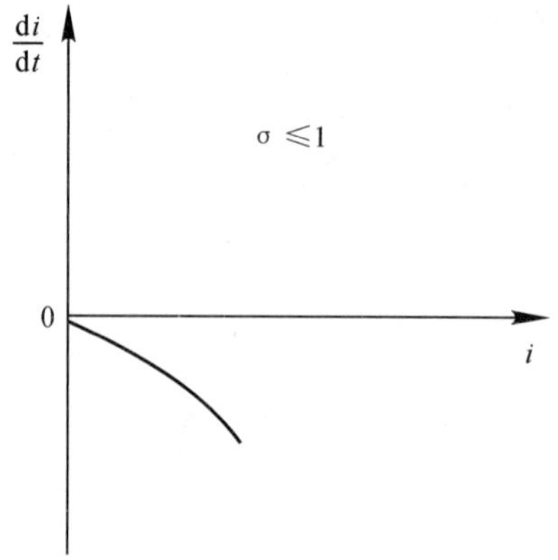

图 13.5 SIS 模型的$\frac{di}{dt}-i$曲线($\sigma \leqslant 1$)

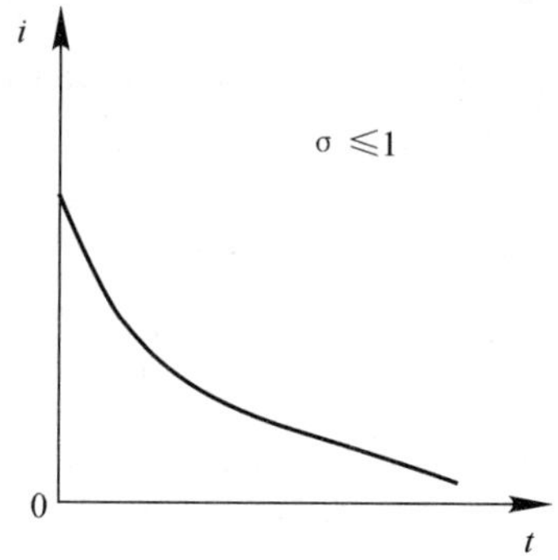

图 13.6 SIS 模型的 $i-t$ 曲线($\sigma \leqslant 1$)

SI 模型可视为本模型的特例,读者可考虑它相当于本模型中 μ 或 σ 取何值时的情况。

模型 4(SIR 模型) 大多数传染病如天花、流感、肝炎、麻疹等治愈后均有很强的免疫力,所以病愈后的人既非健康者(易感染者),也非病人(已感染者),他们已经退出传染系统。这种情况比较复杂,下面详细分析建模的过程。

1. 模型假设

1) 总人数 N 不变。人群分为健康者、病人和病愈免疫的移出者(Removed) 三类,称为 SIR 模型,三类人在总人数中占的比例分别记为 $s(t)$,$i(t)$ 和 $r(t)$。

2) 病人日接触率为 λ,日治愈率为 μ(与 SI 模型相同),传染期接触数为 $\sigma=\lambda/\mu$。

2. 模型构成

由假设 1),显然有

$$s(t)+i(t)+r(t)=1 \tag{13.12}$$

根据条件 2),方程式(13.8) 仍成立。对于病愈免疫的移出者而言,应有

$$N\frac{dr}{dt}=\mu Ni \tag{13.13}$$

再记初始时刻的健康者和病人的比例分别为 $s_0(s_0>0)$ 和 $i_0(i_0>0)$(不妨设移出者的初始值为 $r_0=0$),则由式(13.8),式(13.12),式(13.13),SIR 模型的方程可以写成

$$\left.\begin{aligned}\frac{di}{dt}&=\lambda si-\mu i, \quad i(0)=i_0\\ \frac{ds}{dt}&=-\lambda si, \quad s(0)=s_0\end{aligned}\right\} \tag{13.14}$$

方程式(13.14) 无法求出 $s(t)$,$i(t)$ 的解析解,可以通过数值方法来求得。

3. 数值计算

在方程式(13.14) 中,设 $\lambda=1$,$\mu=0.3$,$i(0)=0.02$,$s(0)=0.98$,用 Matlab 软件编程如下:

```
function u = ill(t,x)
a = 1;b = 0.3;
y = [a * x(1) * x(2) - b * x(1), - a * x(1) * x(2)];

ts = 0:50;
x0 = [0.02,0.98];
[t,x] = ode45('ill',ts,x0);[t,x]
plot(t,x(:,1),t,x(:,2)),grid,pause
plot(x(:,2),x(:,1)),grid;
```

通过程序可以计算出 $s(t)$,$i(t)$ 的值,并可以绘出相应的曲线。

4. 群体免疫和预防

根据 SIR 模型的分析,当 $s_0 \leqslant 1/\sigma$ 时,传染病不会蔓延。所以为制止蔓延,除了提高卫生和医疗水平,使阈值 $1/\sigma$ 变大外,另外一个途径是降低 s_0,这可以通过预防接种和群体免疫的办法做到。

忽略病人比例的初始值 i_0,有 $s_0 = 1 - r_0$。于是传染病不会蔓延的条件 $s_0 \leqslant 1/\sigma$ 可以表示为

$$r_0 \geqslant 1 - \frac{1}{\sigma} \tag{13.15}$$

这就是说,只要通过群体免疫使初始时刻的移出者比例(即免疫者比例)r_0 满足式(13.15),就可以制止传染病蔓延。

这种办法生效的前提条件是免疫者要均匀地分布在全体人口中,实际上这是很难做到的。据估计当时印度等国天花传染病的接触数 $\sigma = 5$,由式(13.15)至少要 80% 的人接受免疫才行。据世界卫生组织报告,即使花费大量资金提高 r_0,也因很难做到免疫者均匀分布,使得天花直到 1977 年才在全世界根除。而有些传染病 σ 更高,根除更加困难。

5. 模型验证

20 世纪初在印度孟买发生的一次瘟疫中几乎所有病人都死亡了。死亡相当于移出传染系统,有关部门记录了每天移出者的人数,即有了 $\frac{\mathrm{d}r}{\mathrm{d}t}$ 的实际数据,Kermack 等人用这组数据对 SIR 模型做了验证。

首先,由方程式(13.12),式(13.14)可以得到

$$s(t) = s_0 \mathrm{e}^{-\sigma r(t)} \tag{13.16}$$

$$\frac{\mathrm{d}r}{\mathrm{d}t} = \mu(1 - r - s_0 \mathrm{e}^{-\sigma r}) \tag{13.17}$$

当 $r \leqslant 1/\sigma$ 时,取式(13.16)右端 $\mathrm{e}^{-\sigma r}$ 的泰勒展开式的前三项,在初始值 $r_0 = 0$ 下的解为

$$r(t) = \frac{1}{s_0\sigma^2}\left[(s_0\sigma - 1) + \alpha \operatorname{th}\left(\frac{\alpha\mu t}{2} - \varphi\right)\right] \tag{13.18}$$

其中，$\alpha^2=(s_0\sigma-1)^2+2s_0i_0\sigma^2$，$\text{th}\varphi=\frac{s_0\sigma-1}{\alpha}$。从式(13.18)容易算出

$$\frac{\mathrm{d}r}{\mathrm{d}t}=\frac{\alpha^2\mu}{2s_0\sigma^2\text{ch}^2(\frac{\alpha\mu t}{2}-\varphi)} \tag{13.19}$$

6. 被传染比例的估计

在一次传染病的过程中，被传染人数的比例是健康人数比例的初始值 s_0 与 s_∞ 之差，记作 x，即

$$x=s_0-s_\infty \tag{13.20}$$

当 i_0 很小时，s_0 接近于 1，易得

$$x+\frac{1}{\sigma}\ln(1-\frac{x}{s_0})\approx 0 \tag{13.21}$$

取对数函数泰勒展开的前两项，有

$$x(1-\frac{1}{s_0\sigma}-\frac{x}{2s_0^2\sigma})\approx 0 \tag{13.22}$$

记 $s_0=\frac{1}{\sigma}+\delta$，$\delta$ 可视为该地区人口比例超过阈值 $1/\sigma$ 的部分。当 $\delta\ll\frac{1}{\sigma}$ 时，式(13.22)给出

$$x\approx 2s_0\sigma(s_0-\frac{1}{\sigma})\approx 2\delta \tag{13.23}$$

这个结果表明，被传染人数比例约为 δ 的 2 倍。对一种传染病，当该地区的卫生和医疗水平不变，即 σ 不变时，这个比例就不会改变。而当阈值 $1/\sigma$ 提高时，δ 减少，于是这个比例就会减小。

本节介绍的传染病模型很好地体现了模型的改进、建模的目的性，以及方法的配合。

第一，最初建立的模型 1 基本不能用，修改假设后得到的模型 2 虽有所改进，但仍不符合实际情况。进一步修改假设，并针对不同情况建立的模型 3,4 才是比较成功的。

第二，模型 3,4 可取之处在于它们比较全面地达到了建模的目的，即描述传播过程、分析感染人数的变化规律，预测传染病高峰到来的时刻，度量传染病蔓延的程度并探索制止蔓延的手段。

实验 14 线性规划

一、线性规划

人们在生产实践中，经常会遇到如何利用现有资源来安排生产，以取得最大经济效益的问题。此类问题构成了运筹学的一个重要分支——数学规划，而线性规划（Linear Programming，简记 LP）则是数学规划的一个重要分支。自从 1947 年 G. B. Dantzig 提出求解线性规划的单纯形方法以来，线性规划在理论上趋向成熟，并在实用中更加广泛与深入。特别是在计算机能处理成千上万个约束条件和决策变量的线性规划问题之后，线性规划的适用领域更为广泛了，已成为现代管理中经常采用的基本方法之一。

1. 线性规划的实例与定义

【例 1】 某机床厂生产甲、乙两种机床，每台销售后的利润分别为 4 000 元与 3 000 元。生产甲机床需用 A，B 机器加工，加工时间分别为每台 2 h 和 1 h；生产乙机床需用 A，B，C 三种机器加工，加工时间为每台各 1 h。若每天可用于加工的机器时数分别为 A 机器 10 h、B 机器 8 h 和 C 机器 7 h，问该厂每天应生产甲、乙机床各几台，才能使总利润最大？

解 上述问题的数学模型：设该厂生产 x_1 台甲机床和 x_2 台乙机床时总利润最大，则 x_1，x_2 应满足

目标函数

$$\max\ z = 4x_1 + 3x_2 \tag{14.1}$$

约束条件

$$\text{s.t.}\quad \left.\begin{aligned} 2x_1 + x_2 &\leqslant 10 \\ x_1 + x_2 &\leqslant 8 \\ x_2 &\leqslant 7 \\ x_1, x_2 &\geqslant 0 \end{aligned}\right\} \tag{14.2}$$

这里变量 x_1，x_2 称为决策变量，式(14.1) 被称为问题的目标函数，式(14.2) 中的几个不等式是问题的约束条件，记为 s. t.（即 subject to），上述即为一个规划问题数学模型的三个要素。由于上面的目标函数及约束条件均为线性函数，故被称为线性规划问题。

总之，线性规划问题是在一组线性约束条件的限制下，求一个线性目标函数最大或最小的问题。

在解决实际问题时，把问题归结成一个线性规划数学模型是很重要的一步，但往往也是困难的一步，模型建立得是否恰当，直接影响到求解。而选取适当的决策变量，是建立有效模型

的关键之一。

2. 线性规划的 Matlab 标准形式

线性规划的目标函数可以是求最大值,也可以是求最小值,约束条件的不等号可以是小于号也可以是大于号。为了避免这种形式多样性带来的不便,Matlab 中规定线性规划的标准形式为

$$\min_x \boldsymbol{c}^{\mathrm{T}}\boldsymbol{x} \text{ such that } \boldsymbol{Ax} \leqslant \boldsymbol{b}$$

式中,$\boldsymbol{c}$ 和 $\boldsymbol{x}$ 为 n 维列向量;$\boldsymbol{b}$ 为 m 维列向量;$\boldsymbol{A}$ 为 $m \times n$ 矩阵。

例如线性规划

$$\max_x \boldsymbol{c}^{\mathrm{T}}\boldsymbol{x} \text{ such that } \boldsymbol{Ax} \geqslant \boldsymbol{b}$$

的 Matlab 标准型为

$$\min_x -\boldsymbol{c}^{\mathrm{T}}\boldsymbol{x} \text{ such that } -\boldsymbol{Ax} \leqslant -\boldsymbol{b}$$

3. 线性规划问题的解的概念

一般线性规划问题的标准型为

$$\min z = \sum_{j=1}^{n} c_j x_j \tag{14.3}$$

$$\text{s.t.} \sum_{j=1}^{n} a_{ij} x_j \leqslant b_i, \qquad i = 1, 2, \cdots, m \tag{14.4}$$

可行解:满足约束条件式(14.4)的解 $\boldsymbol{x} = (x_1, x_2, \cdots, x_n)$ 称为线性规划问题的可行解,而使目标函数式(14.3)达到最小值的可行解叫最优解。

可行域:所有可行解构成的集合称为问题的可行域,记为 R。

4. 线性规划的图解法

图解法简单直观,有助于了解线性规划问题求解的基本原理。我们先应用图解法来求解例 1。如图 14.1 所示,阴影区域即为 LP 问题的可行域 R。对于每一固定的值 z,使目标函数值等于 z 的点构成的直线称为目标函数等位线,当 z 变动时,我们得到一族平行直线。让等位线沿目标函数值增大的方向移动,直到等位线与可行域有交点的最后位置,此时的交点(一个或多个)即为 LP 的最优解。

对于例 1,显然等位线越趋于右上方,其上的点具有越大的目标函数值。不难看出,本例的最优解为 $x^* = (2, 6)^{\mathrm{T}}$,最优目标值 $z^* = 26$。

从上面的图解过程可以看出,要证明以下结论并不难:

(1) 可行域 R 可能会出现多种情况。R 可能是空集也可能是非空集合,当 R 非空时,它必定是若干个半平面的交集(除非遇到空间维数的退化)。R 既可能是有界区域,也可能是无界区域。

(2) 在 R 非空时,线性规划既可以存在有限最优解,也可以不存在有限最优解(其目标函数值无界)。

(3)R 非空且 LP 有有限最优解时,最优解可以唯一或有无穷多个。

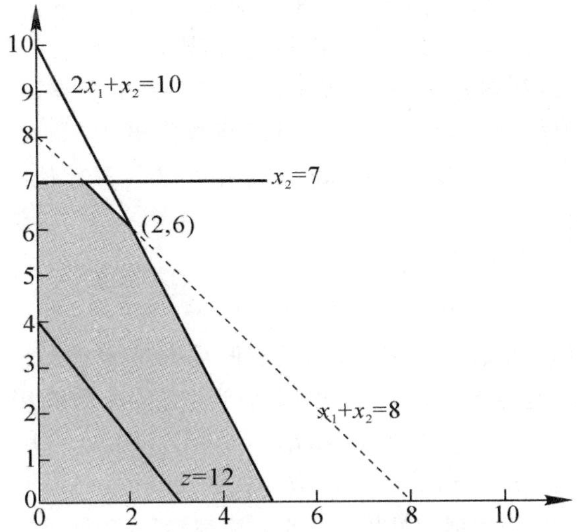

图　14.1

(4) 若线性规划存在有限最优解，则必可找到具有最优目标函数值的可行域 R 的“顶点”。

上述论断可以推广到一般的线性规划问题，区别只在于空间的维数。在一般的 n 维空间中，满足线性等式 $\sum_{i=1}^{n} a_i x_i = b$ 的点集被称为一个超平面，而满足线性不等式 $\sum_{i=1}^{n} a_i x_i \leqslant b$(或 $\sum_{i=1}^{n} a_i x_i \geqslant b$) 的点集被称为一个半空间(其中 $(a_1, a_2, \cdots, a_n)$ 为一 n 维行向量，b 为一实数)。有限个半空间的交集被称为多胞形，有界的多胞形又被称为多面体。易见，线性规划的可行域必为多胞形(为统一起见，空集 $\varnothing$ 也被视为多胞形)。

在一般的 n 维空间中，要直接得出多胞形“顶点”概念还有一些困难。二维空间中的顶点可以看成为边界直线的交点，但这一几何概念的推广在一般 n 维空间中的几何意义并不十分直观。为此，我们将采用另一途径来定义它。

定义 1　称 n 维空间中的区域 R 为一凸集，若 $\forall x_1, x_2 \in R$ 及 $\forall \lambda \in (0,1)$，有 $\lambda x_1 + (1-\lambda) x_2 \in R$。

定义 2　设 R 为 n 维空间中的一个凸集，R 中的点 x 被称为 R 的一个极点，若不存在 x_1，$x_2 \in R$ 及 $\lambda \in (0,1)$，使得 $x = \lambda x_1 + (1-\lambda) x_2$。

定义 1 说明凸集中任意两点的连线必在此凸集中；而定义 2 说明，若 x 是凸集 R 的一个极点，则 x 不能位于 R 中任意两点的连线上。不难证明，多胞形必为凸集。同样也不难证明，二维空间中可行域 R 的顶点均为 R 的极点(R 也没有其他的极点)。

5. 求解线性规划的 Matlab 解法

单纯形法是求解线性规划问题的最常用、最有效的算法之一。单纯形法首先是由 George

Dantzig 于 1947 年提出的，近 60 年来，虽有许多变形体已被开发，但却保持着同样的基本观念。由于有如下结论：若线性规划问题有有限最优解，则一定有某个最优解是可行区域的一个极点。基于此，单纯形法的基本思路是：先找出可行域的一个极点，据一定规则判断其是否最优；若否，则转换到与之相邻的另一极点，并使目标函数值更优；如此下去，直到找到某一最优解为止。这里不再详细介绍单纯形法，有兴趣的读者可以参看其他线性规划书籍。下面介绍线性规划的 Matlab 解法。

Matlab 5.3 中线性规划的标准型为

$$\min_{x} \boldsymbol{c}^{\mathrm{T}} \boldsymbol{x} \text{ such that } \boldsymbol{A}\boldsymbol{x} \leqslant \boldsymbol{b}$$

其基本函数形式为 linprog(c,A,b)，它的返回值是向量 $\boldsymbol{x}$ 的值。还有其他的一些函数调用形式(在 Matlab 指令窗运行 helplinprog 可以看到所有的函数调用形式)，

[x,fval] = linprog(c, A, b, Aeq, beq, LB, UB, x_0, OPTIONS)

这里 fval 是返回目标函数的值，Aeq 和 beq 对应等式约束 Aeq * x = beq，LB 和 UB 分别是变量 x 的下界和上界，x_0 是 x 的初始值，OPTIONS 是控制参数。

【例 2】 求解下列线性规划问题。

$$\max z = 2x_1 + 3x_2 - 5x_3$$

$$\begin{cases} x_1 + x_2 + x_3 = 7 \\ 2x_1 - 5x_2 + x_3 \geqslant 10 \\ x_1, x_2, x_3 \geqslant 0 \end{cases}$$

解 ① 编写 M 文件。

```
c = [2;3; -5];
a = [-2,5,-1];b = -10;        % 非等式向量
aeq = [1,1,1];beq = 7;        % 此处 aeq 表示约束条件中等式系数向量
x = linprog(-c,a,b,aeq,beq,zeros(3,1))        % 此处是 -c
value = c' * x
```

② 将 M 文件存盘，并命名为 example1.m。

③ 在 Matlab 指令窗运行 example1 即可得所求结果。

【例 3】 求解下列线性规划问题。

$$\min z = 2x_1 + 3x_2 + x_3$$

$$\begin{cases} x_1 + 4x_2 + 2x_3 \geqslant 8 \\ 3x_1 + 2x_2 \geqslant 6 \\ x_1, x_2, x_3 \geqslant 0 \end{cases}$$

解 编写 Matlab 程序如下：

```
c = [2;3;1];
a = [1,4,2;3,2,0];
b = [8;6];
```

[x,y] = linprog(c, − a, − b,[ ],[ ],zeros(3,1)) % 此处是 − a, − b,没有等式,zeros(3,1) 表示 1 行 3 列个 0

6. 可以转化为线性规划的问题

很多看起来不是线性规划的问题也可以通过变换变成线性规划问题来解决。例如:

【例 4】 问题为

$$\min |x_1|+|x_2|+\cdots+|x_n|$$
$$\text{s. t.} \quad \boldsymbol{Ax} \leqslant \boldsymbol{b}$$

其中 $\boldsymbol{x}=[x_1,x_2,\cdots,x_n]^{\mathrm{T}}$,$\boldsymbol{A}$ 和 $\boldsymbol{b}$ 为相应维数的矩阵和向量。

要把上面的问题变换成线性规划问题,只要注意到事实:对任意的 x_i,存在 $u_i,v_i>0$ 满足

$$x_i=u_i-v_i, \quad |x_i|=u_i+v_i$$

事实上,只要取 $u_i=\dfrac{x_i+|x_i|}{2}$,$v_i=\dfrac{|x_i|-x_i}{2}$ 就可以满足上面的条件。

这样,记 $\boldsymbol{u}=[u_1,u_2,\cdots,u_n]^{\mathrm{T}}$,$\boldsymbol{v}=[v_1,v_2,\cdots,v_n]^{\mathrm{T}}$,从而可以把上面的问题变成

$$\min \sum_{i=1}^{n}(u_i+v_i)$$
$$\text{s. t.} \begin{cases} A(u-v)\leqslant b \\ u,v\geqslant 0 \end{cases}$$

二、运输问题(产销平衡)

【例 5】 某商品有 m 个产地、n 个销地,各产地的产量分别为 $a_1,a_2,\cdots,a_m$,各销地的需求量分别为 $b_1,b_2,\cdots,b_n$。若该商品由 i 产地运到 j 销地的单位运价为 c_{ij},问应该如何调运才能使总运费最省?

解 引入变量 x_{ij},其取值为由 i 产地运往 j 销地的该商品数量,数学模型为

$$\min \sum_{i=1}^{m}\sum_{j=1}^{n}c_{ij}x_{ij}$$
$$\text{s. t.} \begin{cases} \sum_{j=1}^{n}x_{ij}=a_i, & i=1,2,\cdots,m \\ \sum_{i=1}^{m}x_{ij}=b_j, & j=1,2,\cdots,n \\ x_{ij}\geqslant 0 \end{cases}$$

显然这是一个线性规划问题,当然可以用单纯形法求解。

对产销平衡的运输问题,由于有以下关系式存在:

$$\sum_{j=1}^{n}b_j=\sum_{i=1}^{m}\left(\sum_{j=1}^{n}x_{ij}\right)=\sum_{j=1}^{n}\left(\sum_{i=1}^{m}x_{ij}\right)=\sum_{i=1}^{m}a_i \quad (\text{产销平衡})$$

其约束条件的系数矩阵相当特殊,可用比较简单的计算方法,习惯上称为表上作业法(由康托

洛维奇和希奇柯克两人独立地提出，简称康-希表上作业法)。

表上作业法是单纯形法在求解运输问题时的一种简化方法，其求解工作在运输表上进行逐步迭代如下：先按某一规则找出一个初始解(初始调运方案)；再对现行解作最优性判断；若这个解不是最优的，就在运输表上对它进行调整改进，得一新解；再判断，再改进，直到得到最优解。

三、指派问题(又称分配问题 Assignment Problem)

1. 指派问题的数学模型

【例6】 拟分配 n 人去干 n 项工作，每人干且仅干一项工作，若分配第 i 人去干第 j 项工作，需花费 c_{ij} 单位时间，问应如何分配工作才能使工人花费的总时间最少？

容易看出，要给出一个指派问题的实例，只需给出矩阵 $\boldsymbol{C}=(c_{ij})$，$\boldsymbol{C}$ 被称为指派问题的系数矩阵。

引入变量 x_{ij}，若分配 i 干 j 工作，则取 $x_{ij}=1$，否则取 $x_{ij}=0$。上述指派问题的数学模型为

$$\min \sum_{i=1}^{n}\sum_{j=1}^{n} c_{ij}x_{ij}$$

$$\text{s.t.}\begin{cases}\sum_{j=1}^{n} x_{ij}=1, & i=1,2,\cdots,n\\ \sum_{i=1}^{n} x_{ij}=1, & j=1,2,\cdots,n\\ x_{ij}=0\text{ 或 }1, & i,j=1,2,\cdots,n\end{cases} \tag{14.5}$$

式(14.5)的可行解既可以用一个矩阵(称为解矩阵)表示，其每行每列均有且只有一个元素为1，其余元素均为0，也可以用 $1,2,\cdots,n$ 中的一个置换表示。

式(14.5)的变量只能取0或1，从而是一个0－1规划问题。一般的0－1规划问题求解极为困难。但指派问题并不难解，其约束方程组的系数矩阵十分特殊(被称为全单位模矩阵，其各阶非零子式均为 ±1)，其非负可行解的分量只能取0或1，故约束 $x_{ij}=0$ 或1可改写为 $x_{ij}\geqslant 0$ 而不改变其解。此时，指派问题被转化为一个特殊的运输问题，其中 $m=n$，$a_i=b_j=1$。

2. 求解指派问题的匈牙利算法

由于指派问题的特殊性，又存在着由匈牙利数学家D. Konig提出的更为简便的解法——匈牙利算法。算法主要依据以下事实：如果系数矩阵 $\boldsymbol{C}=(c_{ij})$ 一行(或一列)中每一元素都加上或减去同一个数，得到一个新矩阵 $\boldsymbol{B}=(b_{ij})$，则以 $\boldsymbol{C}$ 或 $\boldsymbol{B}$ 为系数矩阵的指派问题具有相同的最优指派。

利用上述性质，可将原系数阵 $\boldsymbol{C}$ 变换为含零元素较多的新系数阵 $\boldsymbol{B}$，而最优解不变。若能在 $\boldsymbol{B}$ 中找出 n 个位于不同行不同列的零元素，令解矩阵中相应位置的元素取值为1，其他元素取值为零，则所得该解是以 $\boldsymbol{B}$ 为系数阵的指派问题的最优解，从而也是原问题的最优解。

由 $\boldsymbol{C}$ 到 $\boldsymbol{B}$ 的转换可通过先让矩阵 $\boldsymbol{C}$ 的每行元素均减去其所在行的最小元素得矩阵 $\boldsymbol{D}$，$\boldsymbol{D}$ 的

每列元素再减去其所在列的最小元素得以实现。

下面通过一例子来说明该算法。

【例 7】　求解指派问题，其系数矩阵为

$$\boldsymbol{C}=\begin{bmatrix}16 & 15 & 19 & 22\\ 17 & 21 & 19 & 18\\ 24 & 22 & 18 & 17\\ 17 & 19 & 22 & 16\end{bmatrix}$$

解　将第一行元素减去此行中的最小元素 15，同样，第二行元素减去 17，第三行元素减去 17，最后一行的元素减去 16，得

$$\boldsymbol{B}_1=\begin{bmatrix}1 & 0 & 4 & 7\\ 0 & 4 & 2 & 1\\ 7 & 5 & 1 & 0\\ 1 & 3 & 6 & 0\end{bmatrix}$$

再将第 3 列元素各减去 1，得

$$\boldsymbol{B}_2=\begin{bmatrix}1 & 0 & 3 & 7\\ 0 & 4 & 1 & 1\\ 7 & 5 & 0 & 0\\ 1 & 3 & 5 & 0\end{bmatrix}$$

以 $\boldsymbol{B}_2$ 为系数矩阵的指派问题有最优指派

$$\begin{pmatrix}1 & 2 & 3 & 4\\ 2 & 1 & 3 & 4\end{pmatrix}$$

由等价性，它也是本例的最优指派。

有时问题会稍复杂一些。

【例 8】　求解系数矩阵 $\boldsymbol{C}$ 的指派问题。

$$\boldsymbol{C}=\begin{bmatrix}12 & 7 & 9 & 7 & 9\\ 8 & 9 & 6 & 6 & 6\\ 7 & 17 & 12 & 14 & 12\\ 15 & 14 & 6 & 6 & 10\\ 4 & 10 & 7 & 10 & 6\end{bmatrix}$$

解　先作等价变换如下：

$$
\begin{matrix} -7 \\ -6 \\ -7 \\ -6 \\ -4 \end{matrix}
\begin{bmatrix} 12 & 7 & 9 & 7 & 9 \\ 8 & 9 & 6 & 6 & 6 \\ 7 & 17 & 12 & 14 & 12 \\ 15 & 14 & 6 & 6 & 10 \\ 4 & 10 & 7 & 10 & 6 \end{bmatrix}
\rightarrow
\begin{matrix} \begin{bmatrix} 5 & 0^* & 2 & 0 & 2 \\ 2 & 3 & 0 & 0^* & 0 \\ 0^* & 10 & 5 & 7 & 5 \\ 9 & 8 & 0^* & 0 & 4 \\ 0 & 6 & 3 & 6 & 2 \end{bmatrix} \begin{matrix} \\ \\ \vee \\ \\ \vee \end{matrix} \\ \begin{matrix} \vee & & & & & & & & \end{matrix} \end{matrix}
$$

容易看出，从变换后的矩阵中只能选出四个位于不同行不同列的零元素，但 $n=5$，最优指派还无法看出。此时等价变换还可进行下去。步骤如下：

1）对未选出 0 元素的行打 ∨；

2）对 ∨ 行中 0 元素所在列打 ∨；

3）对 ∨ 列中选中的 0 元素所在行打 ∨；

重复 2），3）直到无法再打 ∨ 为止。

可以证明，若用直线划没有打 ∨ 的行与打 ∨ 的列，就得到了能够覆盖住矩阵中所有零元素的最少条数的直线集合，找出未覆盖的元素中的最小者（此处是 2），令打 ∨ 行元素减去此数，打 ∨ 列元素加上此数，则原先选中的 0 元素不变，而未覆盖元素中至少有一个已转变为 0，且新矩阵的指派问题与原问题也等价。上述过程可反复采用，直到能选取出足够的 0 元素为止。例如，对例 8 变换后的矩阵再变换，第三行、第五行元素减去 2，第一列元素加上 2，得

$$
\begin{bmatrix} 7 & 0 & 2 & 0 & 2 \\ 4 & 3 & 0 & 0 & 0 \\ 0 & 8 & 3 & 5 & 3 \\ 11 & 8 & 0 & 0 & 4 \\ 0 & 4 & 1 & 4 & 0 \end{bmatrix}
$$

现在已可看出，最优指派为 $\begin{pmatrix} 1 & 2 & 3 & 4 & 5 \\ 2 & 4 & 1 & 3 & 5 \end{pmatrix}$，表示第一件工作第二个做。

四、对偶理论与灵敏度分析

1. 原始问题和对偶问题

考虑下列一对线性规划模型：

$$
\max\ \boldsymbol{c}^{\mathrm{T}} x \quad \text{s. t.} \quad \boldsymbol{A}\boldsymbol{x} \leqslant \boldsymbol{b}, x \geqslant 0 \qquad \text{(P)}
$$

和

$$
\min\ \boldsymbol{b}^{\mathrm{T}} y \quad \text{s. t.} \quad \boldsymbol{A}^{\mathrm{T}}\boldsymbol{y} \geqslant \boldsymbol{c}, y \geqslant 0 \qquad \text{(D)}
$$

称（P）为原始问题，（D）为它的对偶问题。

不太严谨地说，对偶问题可被看做是原始问题的“行列转置”：

1）原始问题约束条件中的第 j 列系数与其对偶问题约束条件中的第 j 行的系数相同；

2）原始目标函数的系数行与其对偶问题右侧的常数列相同；

3）原始问题右侧的常数列与其对偶目标函数的系数行相同；

4）在这一对问题中，除负约束外的约束不等式方向和优化方向相反。

考虑线性规划：

$$\min \boldsymbol{c}^{\mathrm{T}}\boldsymbol{x} \qquad \text{s. t.} \quad \boldsymbol{A}\boldsymbol{x}=\boldsymbol{b}, x \geqslant 0$$

把其中的等式约束变成不等式约束，可得

$$\min \boldsymbol{c}^{\mathrm{T}}\boldsymbol{x} \qquad \text{s. t.} \begin{bmatrix} A \\ -A \end{bmatrix}\boldsymbol{x} \geqslant \begin{bmatrix} b \\ -b \end{bmatrix}, x \geqslant 0$$

它的对偶问题是

$$\max \ [\boldsymbol{b}^{\mathrm{T}} \quad -\boldsymbol{b}^{\mathrm{T}}]\begin{bmatrix} y_1 \\ y_2 \end{bmatrix} \qquad \text{s. t.} \ [\boldsymbol{A}^{\mathrm{T}} \quad -\boldsymbol{A}^{\mathrm{T}}]\begin{bmatrix} y_1 \\ y_2 \end{bmatrix} \leqslant \boldsymbol{c}$$

其中 y_1 和 y_2 分别表示对应于约束 $\boldsymbol{A}\boldsymbol{x} \geqslant \boldsymbol{b}$ 和 $-\boldsymbol{A}\boldsymbol{x} \geqslant -\boldsymbol{b}$ 的对偶变量组。令 $y=y_1-y_2$，则上式又可写成

$$\max \boldsymbol{b}^{\mathrm{T}} y \qquad \text{s. t.} \qquad \boldsymbol{A}^{\mathrm{T}}\boldsymbol{y} \leqslant \boldsymbol{c}$$

原问题和对偶问题约束之间的关系如下：

min	max
变量 $\begin{cases} \geqslant 0 \\ \leqslant 0 \\ \text{无限制} \end{cases}$	行约束 $\begin{cases} \leqslant \\ \geqslant \\ = \end{cases}$
行约束 $\begin{cases} \geqslant \\ \leqslant \\ = \end{cases}$	变量 $\begin{cases} \geqslant 0 \\ \leqslant 0 \\ \text{无限制} \end{cases}$

2. 对偶问题的基本性质

1）对称性：对偶问题的对偶是原问题。

2）弱对偶性：若 $\bar{x}$ 是原问题的可行解，$\bar{y}$ 是对偶问题的可行解，则恒有：$\boldsymbol{c}^{\mathrm{T}}\bar{\boldsymbol{x}} \leqslant \boldsymbol{b}^{\mathrm{T}}\boldsymbol{y}$。

3）无界性：若原问题（对偶问题）为无界解，则其对偶问题（原问题）无可行解。

4）可行解是最优解时的性质：设 $\hat{\boldsymbol{x}}$ 是原问题的可行解，$\hat{\boldsymbol{y}}$ 是对偶问题的可行解，当 $\boldsymbol{c}^{\mathrm{T}}\hat{\boldsymbol{x}}=\boldsymbol{b}^{\mathrm{T}}\hat{\boldsymbol{y}}$ 时，$\hat{\boldsymbol{x}}$，$\hat{\boldsymbol{y}}$ 是最优解。

5）对偶定理：若原问题有有限最优解，那么对偶问题也有最优解；且目标函数值相同。

6）互补松弛性：若 $\hat{\boldsymbol{x}}$，$\hat{\boldsymbol{y}}$ 分别是原问题和对偶问题的最优解，则

$$\hat{\boldsymbol{y}}^{\mathrm{T}}(\boldsymbol{A}\hat{\boldsymbol{x}}-\boldsymbol{b})=0, \quad \hat{\boldsymbol{x}}^{\mathrm{T}}(\boldsymbol{A}^{\mathrm{T}}\hat{\boldsymbol{y}}-\boldsymbol{c})=0$$

由上述性质可知，对任一 LP 问题（P），若它的对偶问题（D）可能的话，总可以通过求解（D）来讨论原问题（P）：若（D）无界，则（P）无可行解；若（D）有有限最优解 $\boldsymbol{w}^*$，最优值 $\boldsymbol{w}^*\boldsymbol{b}$，则利用互补松弛性可求得（P）的所有最优解，且（P）的最优值为 $\boldsymbol{w}^*\boldsymbol{b}$。例如对只有两个行约束的 LP，其对偶问题只有两个变量，总可用图解法来求解。

【例 9】 已知线性规划问题

$$\min \omega = 2x_1 + 3x_2 + 5x_3 + 2x_4 + 3x_5$$

$$\text{s.t.} \quad x_1 + x_2 + 2x_3 + x_4 + 3x_5 \geqslant 4$$

$$2x_1 - x_2 + 3x_3 + x_4 + x_5 \geqslant 3$$

$$x_j \geqslant 0, \quad j = 1,2,\cdots,5$$

已知其对偶问题的最优解为 $y_1^* = \frac{4}{5}, y_2^* = \frac{3}{5}$，最优值为 $z^* = 5$。试用对偶理论找出原问题的最优解。

解 先写出它的对偶问题

$$\max z = 4y_1 + 3y_2$$

$$\text{s.t.} \quad y_1 + 2y_2 \leqslant 2 \quad ①$$

$$y_1 - y_2 \leqslant 3 \quad ②$$

$$2y_1 + 3y_3 \leqslant 5 \quad ③$$

$$y_1 + y_2 \leqslant 2 \quad ④$$

$$3y_1 + y_2 \leqslant 3 \quad ⑤$$

$$y_1, y_2 \geqslant 0$$

将 y_1^*, y_2^* 的值代入约束条件，得 ②，③，④ 为严格不等式；设原问题的最优解为 $x^* = (x_1^*, x_2^* \cdots, x_5^*)$，由互补松弛性得 $\boldsymbol{x}_2^* = x_3^* = x_4^* = 0$。因 $y_1^*, y_2^* > 0$，原问题的两个约束条件应取等式，故有

$$3x_1^* + x_5^* = 4$$

$$2x_1^* + x_5^* = 3$$

求解后得到 $x_1^* = 1, x_5^* = 1$；故原问题的最优解为 $\boldsymbol{X}^* = [1 \quad 0 \quad 0 \quad 0 \quad 1]'$；最优值为 $w^* = 5$。

3. 灵敏度分析

灵敏度分析是指对系统或周围事物因周围条件变化显示出来的敏感程度的分析。

在以前讨论线性规划问题时，假定 a_{ij}, b_i, c_j 都是常数。但实际上这些系数往往是估计值和预测值。如市场条件一变，c_j 值就会变化；a_{ij} 往往是因工艺条件的改变而改变；b_i 是根据资源投入后的经济效果决定的一种决策选择。因此提出这样两个问题：当这些参数有一个或几个发生变化时，已求得的线性规划问题的最优解会有什么变化；或者这些参数在什么范围内变化时，线性规划问题的最优解不变。这里就不讨论了。

4. 参数线性规划

参数线性规划是研究 a_{ij}, b_i, c_j 这些参数中某一参数连续变化时，使最优解发生变化的各临界点的值。即把某一参数作为参变量，而目标函数在某区间内是这个参变量的线性函数，含这个参变量的约束条件是线性等式或不等式。因此，仍可用单纯形法和对偶单纯形法进行分析参数线性规划问题。

五、实验内容

某战略轰炸机群奉命摧毁敌人军事目标。已知该目标有四个要害部位，只要摧毁其中之一即可达到目的。为完成此项任务的汽油消耗量限制为 48 000 L、重型炸弹 48 枚、轻型炸弹 32 枚。飞机携带重型炸弹时每升汽油可飞行 2km，带轻型炸弹时每升汽油可飞行 3km。又知每架飞机每次只能装载一枚炸弹，每出发轰炸一次除来回路程汽油消耗(空载时每升汽油可飞行 4km) 外，起飞和降落每次各消耗 100L。有关数据如表 14.1 所示。

表 14.1

要害部位	离机场距离 /km	摧毁可能性	
		每枚重型弹	每枚轻型弹
1	450	0.10	0.08
2	480	0.20	0.16
3	540	0.15	0.12
4	600	0.25	0.20

为了使摧毁敌方军事目标的可能性最大，应如何确定飞机轰炸的方案，要求建立这个问题的线性规划。

实验 15　檐沟问题

一、问题的背景与提出

市政府的建筑处需要明确与屋顶配套的檐沟的规格。一个新开发区的屋顶都是矩形，长 12m，从屋脊到檐沟的宽为 6m，屋顶对水平的倾角还没有确定，但大致将在 $20^\circ \sim 50^\circ$ 之间，一家檐沟生产公司急欲与市政府签订供货合同。该公司声称他们的新型塑料槽沟经久耐用，无论什么样的天气情况都能有效地满足需求，对这批屋顶，设计的檐沟横截面是半径为 7.5m 的半圆，用一条直径为 10m 的排水管就够了，请你为市政府设计一个合理数学模型，判定供应单位的设计是否可行，是否能够保证在暴雨时也能正常排水。

二、问题分析

首先从问题的论述不难看出，这是一个输入、输出模型，它在诸如水箱、河流或水库中水的流入、流出问题也会得到应用。在本问题中，输入是倾斜屋顶上流下的雨水，输出则是从垂直的排水管中流出的水，关键问题是檐沟是否能容纳所有雨水而不溢出，这就意味着我们关心的是在特定时期檐沟中水的高度。当檐沟的横截面是半圆时，那么水的高度与半径相等时将发生溢出。

三、基本假设

为了研究方便，在此作如下假设：

1）所有落在屋顶上的雨水都流进檐沟；

2）直接落入檐沟的雨水忽略不计；

3）排水系统不含出现意外的堵塞；

4）雨直接落在屋顶上；

5）雨水撞击屋顶时不溅走。

四、符号说明

根据对问题的全面分析，我们引入如表 15.1 所示的变量。

表 15.1　引入变量

变量	符号	单位	变量	符号	单位
雨水的强度	r	$m \cdot s^{-1}$	檐沟内水的高度	h	m
时间	t	s	檐沟内水的体积	v	m^3
屋顶倾角	α	(°)	流入檐沟的水流量	Q_i	$m^3 \cdot s^{-1}$
屋顶长度	d	m	流出檐沟的水流量	Q_0	$m^3 \cdot s^{-1}$
屋顶宽度	b	m	排水管的横截面积	A	m^2
檐沟半径	a	m	重力加速度	g	$m \cdot s^{-2}$

五、模型的建立

为了便于分析和构建模型，我们画出3个示意图分别表示屋顶与檐沟的关系（见图15.1），水流的状态（见图15.2）以及檐沟中水量的状态（见图15.3）。

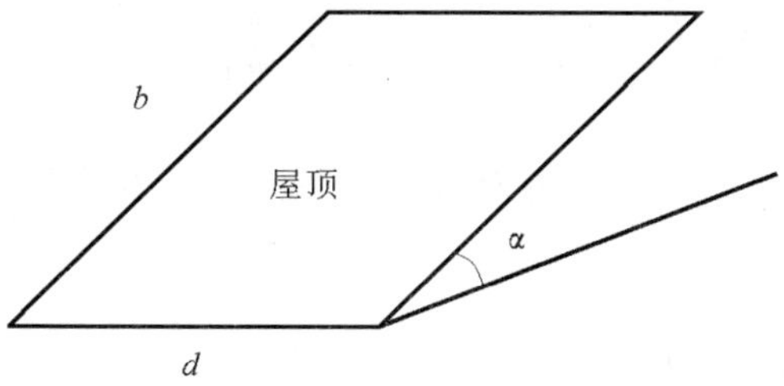

图　15.1

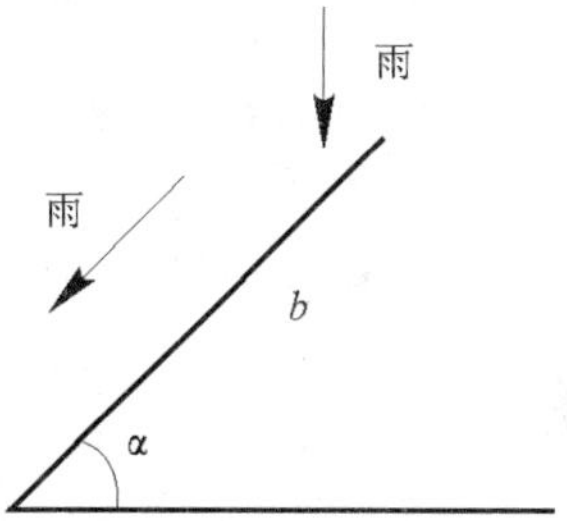

图　15.2

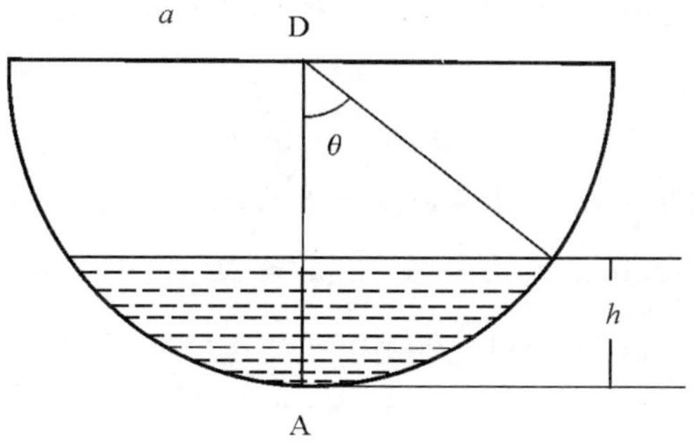

图　15.3

1）檐沟系统中水的流量有如下形式：

檐沟中水量变化率＝流入量流速－流出量流速，即

$$v'(t) = Q_i - Q_0 \tag{15.1}$$

式中，Q_i 和 Q_0 是当 r 以 $\mathrm{m \cdot s^{-1}}$ 测量的线性速度时水流体积的变化率。

2）屋顶面积为 bd，但由于屋顶的倾斜，雨水下落的面积为 $bd\cos\alpha$。当雨水强度为 $r(t)$ 时，落在屋顶的降水量体积变化量是

$$r(t) \times 面积 = r(t)bd\cos\alpha \tag{15.2}$$

而且屋顶的倾斜还会影响注入檐沟水的流速，屋顶越陡、流速越大，由图 15.2 可知，雨水流入檐沟的流量为

$$Q_i = r(t)bd\cos\alpha\sin\alpha \tag{15.3}$$

3）由图 15.3，根据檐沟中水的横截面，可以算出任一时刻檐沟中水的体积，体积公式为

$$水的体积 = 水的横截面积 \times 檐沟长\ d$$

水的横截面是半圆的一部分，由图 15.3 可见，用 θ 表示 $\angle AOC$，水的横截面由下式给出：

$$面积 = \frac{1}{2}a^2 \times 2\theta - \frac{1}{2}a^2\sin 2\theta = a^2(\theta - \sin\theta\cos\theta)$$

而 $\cos\theta = (a-h)/a$，所以 $\sin\theta = \sqrt{2ah-h^2}/a$。故

$$v(t) = da^2\left[\cos^{-1}\left(\frac{a-h}{a}\right) - \frac{(a-h)(\sqrt{2ah-h^2})}{a^2}\right] \tag{15.4}$$

实际上，要求的是 $v(t)$ 的变化率 $v'(t) = \frac{\mathrm{d}v}{\mathrm{d}h}\frac{\mathrm{d}h}{\mathrm{d}t}$，另外对方程式(15.4) 求微分可以得到 $\frac{\mathrm{d}v}{\mathrm{d}h}$，运算后得到

$$v'(t) = 2h'(t)d\sqrt{2ah-h^2} \tag{15.5}$$

4）通过垂直排水管的水量就是从檐沟输出的流量。流出的流速与檐沟中水的高度有关，通常的关系可从关于能量守恒的托儿希里定理得到，定理叙述由于高度 $h(t)$ 减少引起的势能损失与进入管道前获得的功能平衡。因此水从檐沟流出的流速为 $\sqrt{2gh}$，排水管的截面积记为 A，那么输出流量为

$$Q_0 = A\sqrt{2gh} \tag{15.6}$$

返回到方程式(15.1)，代入输出流量可得到微分方程为

$$r(t)bd\sin\alpha\cos\alpha - A\sqrt{2gh} = 2h'(t)d\sqrt{2ah-h^2}$$

即

$$h'(t) = \frac{r(t)bd\sin\alpha\cos\alpha - A\sqrt{2gh}}{2d\sqrt{2ah-h^2}} \tag{15.7}$$

六、模型求解

上面给定了该问题的部分数据，下面给出完整的数据：$a = 0.075\mathrm{m}$；$d = 12.0\mathrm{m}$；$g = 9.81\mathrm{m \cdot s^{-2}}$；$A = 0.002\,5\pi\mathrm{m^2}$；$\alpha = 30°$，代入方程式(15.7) 得到

$$h'(t)=\frac{1.299r-0.0145\sqrt{h}}{\sqrt{0.15h-h^2}} \tag{15.8}$$

求解微分方程式(15.8)可得到任一时刻檐沟中水的深度 $h(t)$，现已知雨水的强度 $r(t)$，求水的深度 $h(t)$。

假定雨的强度 $r(t)=$ 常数，即在长时间内，下雨是均匀恒量、持续不断的情形。此时可能由于排水不及，雨水从檐沟溢出，也可能檐沟中水的高度 $h(t)$ 保持在一个小于0.075m的稳定值上，是动态平衡状态，在方程式(15.8)中，令 $h'(t)=0$，可推算出处于平衡状态时的高度 $h(t)$。

由于有
$$1.299r=0.0145\sqrt{h}$$
即
$$h=8025.7r^2$$

例如，当 $r=0.025\text{cm}\cdot\text{s}^{-1}$ 时，在 $h=5\text{cm}$ 处是稳定状态。

七、模型分析

在本文所建立的模型中，方程式(15.7)是一阶微分方程，相应的初始条件可以是 $h(0)=0$，即开始下雨时檐沟内是干的。此时方程式(15.7)在 $h=0$ 处是奇异的，该如何处理本模型没有加以讨论。

本文假定降雨强度是均匀的，事实上在夏季经常出现短时型大雨，在此情况下该如何刻画雨水强度以及此时 h 随 t 的变化规律，本文未加详细讨论。

实验 16　插值和拟合

数学建模是一种数学的思考方法，是运用数学的语言和方法，通过抽象、简化建立能近似刻画并“解决”实际问题的一种强有力的数学手段。

在许多实际问题中，常常需要根据一张函数表推算出函数在某些点上的函数值，或要求解决与该函数有关的一些问题，例如分析函数的性态，求导数、积分、零点与极值。解决该类问题的简单途径之一是：根据函数表中给出的数据，选择一个比较合理且易计算的近似函数代替原来的函数。

由于函数表中数据来源及其可靠性、选择近似函数的范围以及衡量近似函数“好”、“坏”的标准不同，相应地就有不同的求取近似函数的方法。在本节中，我们介绍两个在科学研究和工程计算中最常用的方法，即多项式插值和数据的最小二乘法拟合。

一、插值概念与基本理论

插值问题的种类很多，这里主要讨论多项式插值及其有关的概念和理论。

1. 插值问题的提出

在研究函数时经常要解决两个基本问题，一个是建立函数的解析表达式，另一个是计算函数值。但在实际问题中有时会遇到下列困难：

1）虽然函数关系存在，但只能通过观测或实验得到某些点处的函数值，无法建立确切的解析表达式。

2）有些函数虽然有解析表达式，但计算复杂，使用很不方便。

在这些情况下，直接研究函数往往比较困难，于是人们希望利用已知的或可以计算出来的若干点处的函数值，构造一个既能反映所研究函数的某些特性，又便于计算的简单函数来近似原函数，这就产生了插值法。

插值问题的基本提法是：对于给定函数表（其中 $f(x)$ 在区间 $[a,b]$ 上连续，$x_0,x_1,\cdots,x_n$ 是 $[a,b]$ 上 $n+1$ 个互异的点），要求在某些函数类 $\{\varphi(x)\}$ 中求一个函数 $\varphi(x)$，使得

$$\varphi(x_i)=y_i,\quad i=0,1,\cdots,n \tag{16.1}$$

并用 $\varphi(x)$ 作为函数 $f(x)$ 的近似函数，即

$$f(x)\approx\varphi(x),\quad x\in[a,b]$$

通常，称区间 $[a,b]$ 为插值区间，称点 $x_i(i=0,1,\cdots,n)$ 为插值节点，称式(16.1)为插值条件。插值条件是选择近似函数 $\varphi(x)$ 的标准，满足此标准的近似函数 $\varphi(x)$ 称为函数 $f(x)$ 在节点 $x_i(i=0,1,\cdots,n)$ 上的插值函数，称函数 $f(x)$ 为被插值函数。

函数类$\{\varphi(x)\}$有多种取法，常用的有代数多项式、三角函数和有理函数。本节主要讨论代数多项式的情况，相应的插值问题称为多项式插值。

多项式插值的基本问题是：根据所给函数表（见表16.1），求一个次数不高于n的代数多项式

$$p_n(x)=a_0+a_1x+\cdots+a_nx^n \tag{16.2}$$

使

$$p_n(x_i)=y_i,\quad i=0,1,\cdots,n \tag{16.3}$$

表 16.1　函数表

x	x_0	x_1	$\cdots$	x_n
$y=f(x)$	y_0	y_1	$\cdots$	y_n

满足插值条件式(16.3)的多项式(16.2)称为函数$f(x)$在节点$x_i(i=0,1,\cdots,n)$上的n次插值多项式。

求函数$f(x)$的n次插值多项式$p_n(x)$的几何意义，就是通过曲线$y=f(x)$上的$n+1$个点$M(x_i,y_i)(i=0,1,\cdots,n)$，作一条$n$次代数曲线$y=p_n(x)$来近似代替曲线$y=f(x)$。

2. 插值多项式的存在唯一性及插值余项

由插值条件式(16.3)知，插值多项式$p_n(x)$的系数$a_0,a_1,\cdots,a_n$满足方程组

$$\left.\begin{array}{l}a_0+a_1x_0+a_2x_0^2+\cdots+a_nx_0^n=y_0\\ a_0+a_1x_1+a_2x_1^2+\cdots+a_nx_1^n=y_1\\ \cdots\cdots\cdots\cdots\\ a_0+a_1x_n+a_2x_n^2+\cdots+a_nx_n^n=y_n\end{array}\right\} \tag{16.4}$$

其系数行列式

$$D=\begin{vmatrix}1 & x_0 & x_0^2 & \cdots & x_0^n\\ 1 & x_1 & x_1^2 & \cdots & x_1^n\\ \vdots & \vdots & \vdots & & \vdots\\ 1 & x_n & x_n^2 & \cdots & x_n^n\end{vmatrix}$$

是$n+1$阶Vandermonde行列式。由线性代数知

$$D=\prod_{n\geq i>j\geq 0}(x_i-x_j) \tag{16.5}$$

因节点互异，故$D\neq 0$，方程有唯一解。于是有如下定理：

定理 1　当插值节点互异时，满足插值条件式(16.3)的n次插值多项式$p_n(x)$存在且唯一。

由插值条件式(16.3)可以知道，用$p_n(x)$近似代替$f(x)$，除了在插值节点处没有误差外，在其他点上一般存在有误差。若记

$$R_n(x)=f(x)-p_n(x) \tag{16.6}$$

则 $R_n(x)$ 就是用 $p_n(x)$ 近似代替 $f(x)$ 的截断误差。我们称 $R_n(x)$ 为 n 次插值多项式 $p_n(x)$ 的余项,并可以根据下述定理来估计截断误差的大小。

定理 2 若 $f(x)$ 在区间 $[a,b]$ 上有直到 $n+1$ 阶导数,$p_n(x)$ 为 $f(x)$ 在 $n+1$ 个节点 $x_i \in [a,b](i=0,1,\cdots,n)$ 上的 n 次插值多项式,则对于任何 $x \in [a,b]$,有

$$R_n(x)=\frac{f^{(n+1)}(\zeta)}{(n+1)!}\omega_{n+1}(x) \tag{16.7}$$

式中,$\omega_{n+1}(x)=\prod\limits_{i=0}^{n}(x-x_i)$,$\zeta \in (a,b)$ 且依赖于 x。(证明略)

3. 插值多项式的求法

在前一部分讨论插值多项式的存在唯一性时,事实上已提供了一种求解方法,即通过求解线性方程组式(16.4) 来确定其系数 $a_i(i=0,1,\cdots,n)$,但是这种求法不仅计算工作量大,而且不能获得简明的表达式而给理论研究与应用带来不便,下面介绍两种简便而实用的方法。

(1) 拉格朗日插值多项式。

在线性代数中曾指出,所有不高于 n 次的代数多项式组成了一个 $n+1$ 维线性空间,其基有各种不同的取法。因此,尽管插值条件式(16.3) 的 n 次插值多项式是唯一的,然而它的表达式可以有多种形式。如果取满足条件

$$l_k(x_i)=\begin{cases}1 & i=k\\ 0 & i\neq k\end{cases},\quad i=0,1,\cdots,n \tag{16.8}$$

的一组 n 次代数多项式 $l_0(x),l_1(x),\cdots,l_n(x)$ 作为上述线性空间的基,则容易看出

$$y_0l_0(x)+y_1l_1(x)+\cdots+y_nl_n(x)=\sum_{k=0}^{n}y_kl_k(x) \tag{16.9}$$

必是一个不高于 n 次的代数多项式,而且它在节点 $x_0,x_1,\cdots,x_n$ 上的值依次为 $y_0,y_1,\cdots,y_n$。也就是说,由 $n+1$ 个 n 次代数多项式 $l_0(x),l_1(x),\cdots,l_n(x)$ 线性组合生成的多项式(16.9),就是满足插值条件式(16.3) 的 n 次插值多项式。

满足条件式(16.8) 的 n 次代数多项式 $l_k(x)(k=0,1,\cdots,n)$,称为在 $n+1$ 个节点 $x_i(i=0,1,\cdots,n)$ 上的 n 次基本插值函数(或 n 次插值基函数);形如式(16.9) 的插值多项式称为拉格朗日(Lagrange) 插值多项式,记作 $L_n(x)$,即

$$L_n(x)=\sum_{k=0}^{n}y_kl_k(x) \tag{16.10}$$

显然,求 n 次拉格朗日插值多项式 $L_n(x)$ 的关键在于求 n 次基本插值多项式 $l_k(x)(k=0,1,\cdots,n)$。另外条件式(16.8) 表明 $x_0,x_1,\cdots x_{k-1},x_{k+1},\cdots,x_n$ 都是 n 次多项式 $l_k(x)$ 的零点,故可设

$$l_k(x)=A_k(x-x_0)(x-x_1)\cdots(x-x_{k-1})(x-x_{k+1})\cdots(x-x_n)$$

式中,A_k 为待定的系数。由条件 $l_k(x_k)=1$ 及 $x_0,x_1,\cdots,x_n$ 互异可以得到

$$A_k=\frac{1}{(x-x_0)(x-x_1)\cdots(x-x_{k-1})(x-x_{k+1})\cdots(x-x_n)}$$

故

$$l_k(x)=\frac{(x-x_0)(x-x_1)\cdots(x-x_{k-1})(x-x_{k+1})\cdots(x-x_n)}{(x_k-x_0)(x_k-x_1)\cdots(x_k-x_{k-1})(x_k-x_{k+1})\cdots(x_k-x_n)},\quad k=0,1,\cdots,n \tag{16.11}$$

代入式(16.10)，即得到 n 次拉格朗日插值多项式

$$L_n(x)=\sum_{k=0}^{n}y_k l_k(x)=\sum_{k=0}^{n}y_k\frac{(x-x_0)(x-x_1)\cdots(x-x_{k-1})(x-x_{k+1})\cdots(x-x_n)}{(x_k-x_0)(x_k-x_1)\cdots(x_k-x_{k-1})(x_k-x_{k+1})\cdots(x_k-x_n)} \tag{16.12}$$

特殊地，当 $n=1$ 时，由式(16.13) 可以得到两点插值公式

$$L_1(x)=y_0\frac{x-x_1}{x_0-x_1}+y_1\frac{x-x_0}{x_1-x_0} \tag{16.13}$$

即

$$L_1(x)=y_0+y_1\frac{y_1-y_0}{x_1-x_0}(x-x_0) \tag{16.14}$$

式(16.14) 事实上是一个线性函数。用线性函数 $L_1(x)$ 近似代替 $f(x)$，在几何上就是用通过三点 $M_0(x_0,y_0)$，$M_1(x_1,y_1)$ 的直线 $y=L_1(x)$ 近似代替曲线 $y=f(x)$，所以也称两点插值为线性插值。

当 $n=2$ 时，由式(16.12) 可以得到三点插值公式

$$L_2(x)=y_0\frac{(x-x_1)(x-x_2)}{(x_0-x_1)(x_0-x_2)}+y_1\frac{(x-x_0)(x-x_2)}{(x_1-x_0)(x_1-x_2)}+y_2\frac{(x-x_0)(x-x_1)}{(x_2-x_0)(x_2-x_1)} \tag{16.15}$$

式(16.15) 为一个二次函数。用线性函数 $L_2(x)$ 近似代替 $f(x)$，在几何上就是用通过三点 $M_i(x_i,y_i)(i=0,1,2)$ 的抛物线 $y=L_2(x)$ 近似代替曲线 $y=f(x)$，所以也称三点插值为抛物插值。

为了便于上机计算，常常将拉格朗日插值多项式式(16.12) 改写成

$$L_n(x)=\sum_{k=0}^{n}[y_k\prod_{\substack{j=0\\ j\neq k}}^{n}(\frac{x-x_j}{x_k-x_j})]$$

在编写程序时，可以通过二重循环完成计算，即先固定 k，令 j 从 0 到 $n(j\neq k)$ 作乘积

$$l_k(x)=\prod_{\substack{j=0\\ j\neq k}}^{n}(\frac{x-x_j}{x_k-x_j})$$

然后，对 k 作和得 $L_n(x)$ 的值。

(2) 牛顿基本插值多项式。

前面构造的拉格朗日插值多项式，其形式具有对称性，既便于记忆，又便于应用和编写程序来实现。但是，由于插值公式中的 $l_k(k=0,1,\cdots,n)$ 都依赖于全部插值节点，当节点增加或减少时，必须全部重新计算，这就增大了计算量。为了克服这个缺点，将插值多项式构造成下

列形式：

$$a_0+a_1(x-x_0)+a_2(x-x_0)(x-x_1)+\\ \cdots+a_n(x-x_0)(x-x_1)\cdots(x-x_{n-1})$$

并称形如上式形式的插值多项式为 n 次牛顿插值多项式，记作 $N_n(x)$，即

$$N_n(x)=a_0+a_1(x-x_0)+a_2(x-x_0)(x-x_1)+\\ \cdots+a_n(x-x_0)(x-x_1)\cdots(x-x_{n-1}) \tag{16.16}$$

式中，系数 $a_i(i=0,1,\cdots,n)$ 可由插值条件

$$N_n(x_i)=y_i,\quad i=0,1,\cdots,n$$

确定，在引入差商的概念后，就可以具体给出系数 a_i 的简明的表达式及其算法，由于篇幅的限制，这一部分内容不详述。

【例 1】 利用 100，121，144 的算术根求 $\sqrt{115}$。

解 问题可以化为已知函数 $f(x)=\sqrt{x}$ 在点 $x_0=100,x_1=121,x_2=144$ 处的函数值 $y_0=10,y_1=11,y_2=12$，求一个二次插值多项式 $L_2(x)$，使 $L_2(x_i)=y_i(i=0,1,2)$。然后以 $L_2(115)$ 作为 $f(115)$ 的近似值。由此构造出

$$L_2(x)=\frac{(x-121)(x-144)}{(100-121)(100-144)}\times 10+\frac{(x-100)(x-144)}{(121-100)(121-144)}\times 11+\\ \frac{(x-100)(x-121)}{(144-100)(144-121)}\times 12=\\ \frac{5}{462}(x-121)(x-144)-\frac{11}{483}(x-100)(x-144)+\frac{3}{253}(x-100)(x-121)$$

则

$$L_2(115)=\frac{5\times(-6)\times(-24)}{462}-\frac{11\times 15\times(-29)}{483}+\frac{3\times 15\times(-6)}{253}=\\ 10.7728\approx\sqrt{115}$$

二、曲线拟合的最小二乘法

在科学实验中，经常要从一组实验数据 $(x_i,y_i)(i=0,1,\cdots,m)$ 出发，求函数 $y=f(x)$ 的一个近似表达式 $y=\varphi(x)$（通常称为经验公式）。从几何上看，就是通过给定的 m 个数据点 (x_i,y_i)，求函数 $y=f(x)$ 的一条近似曲线 $y=\varphi(x)$。因此，上述问题归结为一个曲线拟合问题。

插值法虽然在一定程度可以解决根据函数表求函数的近似表达式的问题，但是用来解决这里提出的问题却有明显的缺陷。首先，因为由实验提供的数据往往带有测试误差，个别数据误差甚至很大，如果让曲线严格地经过所有数据点，就会使曲线保留着这些误差，从而失去原数据的某些规律；另外，实验数据往往比较庞大，用插值法得到的近似表达式明显地缺乏实用价值。为此，我们介绍另外一种比较实用的方法 —— 最小二乘法。

1. 最小二乘法的提法

如上所述，当数据量比较庞大且通过实验得到时，不宜要求近似曲线 $y=\varphi(x)$ 严格经过所

有数据点(x_i,y_i)，亦即不应要求拟合函数$\varphi(x)$在x_i处的偏差（又称为残差）

$$\delta_i=\varphi(x_i)-y_i,\quad i=0,1,\cdots,m$$

都严格等于零。但是为了使近似曲线尽可能反映所给数据点的变化趋势，对偏差的限制是必要的，达到这一目标的途径很多，例如，可以通过使最大偏差$\max\limits_i|\delta_i|$最小来实现，也可以通过使偏差绝对值之和$\sum\limits_i|\delta_i|$最小来实现。考虑到计算方便等因素，通常用使偏差平方和$\sum\limits_i|\delta_i|^2$最小（称为最小二乘原则）来实现。

按最小二乘原则选择近似函数的方法称为最小二乘法。

从而将用最小二乘法求近似函数的问题可归结为：对于给定数据$(x_i,y_i)(i=0,1,\cdots,m)$，要求在某个函数类$\Phi$中寻找一个函数$\varphi^*(x)$，使

$$\sum_{i=1}^{m}[\varphi^*(x)-y_i]^2=\min_{\varphi(x)\in\Phi}\sum_{i=1}^{m}[\varphi(x)-y_i]^2 \tag{16.17}$$

式中，$\varphi(x)$为函数类Φ中的任意函数。

由上面的分析不难看出，使用最小二乘法解决实际问题包含如下两个基本环节：

1）确定函数类Φ，即确定函数$\varphi(x)$的形式。这不是一个单纯的数学问题，还与其他领域的一些专业知识有关。在数学上，最常用的做法是将数据点(x_i,y_i)描绘在坐标纸上，然后根据数据点的分布情况来选择$\varphi(x)$的形式。

2）求最小二乘解，即求满足条件式(16.17)的近似函数$\varphi^*(x)$。

2. 最小二乘解的求法

设$\varphi(x)$具有如下形式：

$$\varphi(x)=F(a_0,a_1,\cdots,a_n,x) \tag{16.18}$$

式中，$n<m,a_k(k=0,1,\cdots,n)$是待定参数，求具有这种形式的最小二乘解的实质就是选择适当参数$a_k=a_k^*(k=0,1,\cdots,n)$，使相应的函数

$$\varphi^*(x)=F(a_0,a_1,\cdots,a_n,x) \tag{16.19}$$

满足条件式(16.17)。由多元函数极值理论，事实上，点$(a_0,a_1,\cdots,a_n)$是多元函数

$$S(a_0,a_1,\cdots,a_n)=\sum_{i=1}^{m}[F(a_0,a_1,\cdots,a_n,x_i)-y_i]^2$$

的极小点，从而$a_0^*,a_1^*,\cdots,a_n^*$满足方程组

$$\frac{\mathrm{d}S}{\mathrm{d}a_k}=0,\quad k=0,1,\cdots,n \tag{16.20}$$

因此，可以通过求解方程组式(16.20)（称为法方程组）来求取$a_k(k=0,1,\cdots,n)$，从而可以获得最小二乘解式(16.19)。

须要指出，在一般情况下，法方程组式(16.20)不一定是线性方程组。但是，若$\varphi(x)$能表示成已知函数$\varphi_0(x),\varphi_1(x),\cdots,\varphi_n(x)$的线性组合，即

$$\varphi(x)=a_0\varphi_0(x)+a_1\varphi_1(x)+\cdots+a_n\varphi_n(x) \tag{16.21}$$

则相应的法方程组必是线性方程组。

作为曲线拟合的一种常见情况，若讨论的是代数多项式拟合，即

$$p(x)=a_0+a_1x+\cdots+a_nx^n \tag{16.22}$$

此时只要将式(16.21)中的函数 $\varphi_0(x),\varphi_1(x),\cdots,\varphi_n(x)$ 依次看成 $1,x,\cdots,x^n$，也可以得到类似的结果，可参看有关文献。

3. 加权技巧的应用

由于实际问题测得的实验数据，并非总是等次数、等精度与等地位的。为了对数据出现次数的多少、精度好坏以及地位的重要性加以区别对待，就需要引进“权”的技巧，对于那些出现次数较多或精度较高或地位较重要的数据，给予较大的权，此时，求给定数据的拟合曲线，就需要引入加权最小二乘法。

用加权最小二乘法进行拟合的要求和原则是：对于给定数据 $(x_i,y_i)(i=0,1,\cdots,m)$，要求在函数类 Φ 中寻找一个函数 $\varphi^*(x)$，使

$$\sum_{i=1}^{m}W_i\left[\varphi^*(x_i)-y_i\right]^2=\min_{\varphi(x)\in\Phi}\sum_{i=1}^{n}W_i\left[\varphi(x_i)-y_i\right]^2 \tag{16.23}$$

式中，$\varphi(x)$ 为函数类 Φ 中的任意函数；$W_i(i=1,2,\cdots,m)$ 为一列正数($\sum\limits_{i=1}^{m}W_i=1$)，是反映数据 (x_i,y_i) 特性的“权”。

当 $W_i\equiv 1(i=1,2,\cdots,m)$ 时，条件式(16.23)就是式(16.17)。

显然，当 $\varphi(x)=F(a_0,a_1,\cdots,a_n,x)$ 时，求最小二乘解 $\varphi^*(x)=F(a_0,a_1,\cdots,a_n,x)$ 的问题可归结为求多元函数

$$S(a_0,a_1,\cdots,a_n)=\sum_{i=1}^{m}\left[F(a_0,a_1,\cdots,a_n,x_i)-y_i\right]^2$$

的极小点 $(a_0,a_1,\cdots,a_n)$ 的问题，仍可以通过求解方程组

$$\frac{\mathrm{d}S}{\mathrm{d}a_k}=0,\quad k=0,1,\cdots,n$$

来获得。

【例 2】 出钢时所用盛钢水的钢包，由于钢水对耐火材料的侵蚀，容积不断增大，我们希望找出使用次数与增大容积之间的关系。实验数据如表 16.2 所示(取 x_i 为使用次数，y_i 为增大容积)。

解 为了直观地看出数据之间的关系，可以将数据标在坐标纸上。

从表 16.2 看到，开始时侵蚀较快，然后逐渐减弱，显然钢包容积不会无限增大，可以想象它有一条平行于 x 轴的渐近线，根据这些特点选择拟合曲线为双曲线。

设选择模型为

$$\frac{1}{y}\approx a+\frac{b}{x}$$

令
$$\bar{y}=\frac{1}{y},\quad \bar{x}=\frac{1}{x}$$
则上式变形为
$$\bar{y}\approx a+b\bar{x}$$

表　16.2

使用次数	增大容积	使用次数	增大容积	使用次数	增大容积
2	6.42	7	10.00	12	10.60
3	8.20	8	9.93	13	10.80
4	9.58	9	9.99	14	10.60
5	9.50	10	10.49	15	10.90
6	9.70	11	10.59	16	10.76

由原始数据变换计算出$(\bar{x}_i,\bar{y}_i)(i=0,1,\cdots,14)$,然后利用线性拟合法可以求出
$$a=0.082\ 3,\quad b=0.131\ 2$$
从而拟合曲线为
$$\frac{1}{y}\approx 0.082\ 3+\frac{0.131\ 2}{x}$$
如果选择拟合曲线为指数形式：
$$y\approx a\mathrm{e}^{\frac{b}{x}}$$
对上式两边取对数为
$$\ln y\approx \ln a+\frac{b}{x}$$
令
$$\bar{y}=\ln y,\quad \bar{a}=\ln a,\quad \bar{x}=\frac{1}{x}$$
则有
$$\bar{y}\approx \bar{a}+b\bar{x}$$
利用线性拟合法求出
$$\bar{a}=2.458\ 7,\bar{b}=-1.110\ 7$$
从而
$$y\approx 11.678\ 9\mathrm{e}^{-1.110\ 7x}$$
至于两种模型的好坏,可通过比较两者的误差来判别。

主要参考文献

[1] 谢云荪,张志让.数学实验.北京:科学出版社,2006.

[2] 李尚志.数学实验.北京:高等教育出版社,2004.

[3] 魏贵民,郭科. 理工数学实验. 北京:高等教育出版社,2003.

[4] 谭千蓉,林宗兵.数学实验与数学模型.成都:西南交通大学出版社,2009.

[5] 韩明,王家宝,李林.数学实验.上海:同济大学出版社,2009.

[6] Mount Holyoke College. Laboratories in Mathematical Experimentation. 白峰杉,等,译. 北京:高等教育出版社,1998.